U0313932

1949-2019
新中国气象事业70周年

七十载谱气象华章
新时代书三迤新篇

新中国气象事业70周年·云南卷

云南省气象局

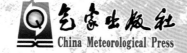

气象出版社
China Meteorological Press

图书在版编目（ＣＩＰ）数据

新中国气象事业70周年. 云南卷 / 云南省气象局编
著. -- 北京 ：气象出版社，2022.1
ISBN 978-7-5029-7146-5

Ⅰ．①新… Ⅱ．①云… Ⅲ．①气象－工作－云南－画
册 Ⅳ．①P468.2-64

中国版本图书馆CIP数据核字(2021)第243623号

新中国气象事业70周年·云南卷
Xinzhongguo Qixiang Shiye Qishi Zhounian · Yunnan Juan

云南省气象局　编著

出版发行：气象出版社

地　　址：北京市海淀区中关村南大街46号　　邮政编码：100081

电　　话：010-68407112（总编室）　　010-68408042（发行部）

网　　址：http://www.qxcbs.com　　E－mail：qxcbs@cma.gov.cn

策划编辑：周　露

责任编辑：张　媛　　　　　　　　终　　审：吴晓鹏

责任校对：张硕杰　　　　　　　　责任技编：赵相宁

装帧设计：新光洋（北京）文化传播有限公司

印　　刷：北京地大彩印有限公司

开　　本：889 mm × 1194 mm 1/16　　印　　张：12.25

字　　数：313 千字

版　　次：2022年1月第1版　　　　印　　次：2022 年 1 月第 1 次印刷

定　　价：258.00 元

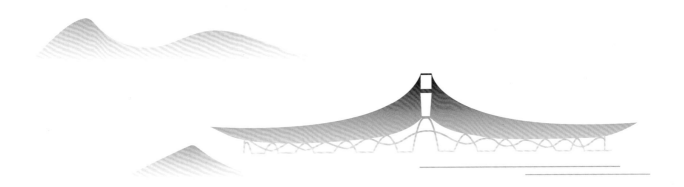

《新中国气象事业 70 周年·云南卷》编委会

主　任： 程建刚

副主任： 杨　明　尹晓毅　顾万龙　罗　刚

委　员： 胡劲松　罗庆仙　王　灵　黄　玮　林　海
　　　　　张道雯　朱天禄　易红梅　和文农　谭志坚

编写组

主　编： 解明恩

副主编： 冯　颖

成　员： 田　书　王茜偌　李毅宸　秦　剑　雷　波
　　　　　李睿林　尹俊智

总 序

　　1949 年 12 月 8 日是载入史册的重要日子。这一天，经中央批准，中央军委气象局正式成立，开启了新中国气象事业的伟大征程。

　　气象事业始终根植于党和国家发展大局，与国家发展同行共进、同频共振。伴随着国家发展的进程，气象事业从小到大、从弱到强、从落后到先进，走出了一条中国特色社会主义气象发展道路。新中国成立后，我们秉持人民利益至上这一根本宗旨，统筹做好国防和经济建设气象服务。在国家改革开放的大潮中，我们全面加速气象现代化建设，在促进国家经济社会发展和保障改善民生中实现气象事业的跨越式发展。党的十八大以来，我们坚持以习近平新时代中国特色社会主义思想为指导，坚持在贯彻落实党中央决策部署和服务保障国家重大战略中发展气象事业，开启了现代化气象强国建设的新征程。70 年气象事业的生动实践深刻诠释了国运昌则事业兴、事业兴则国家强。

　　气象事业始终在党中央、国务院的坚强领导和亲切关怀下，与伟大梦想同心同向、逐梦同行。党和国家始终把气象事业作为基础性公益性社会事业，纳入经济社会发展全局统筹部署、同步推进。毛泽东主席关于气象部门要把天气常常告诉老百姓的指示，成为气象工作贯穿始终的根本宗旨。邓小平同志强调气象工作对工农业生产很重要，江泽民同志指出气象现代化是国家现代化的重要标志，胡锦涛同志要求提高气象预测预报、防灾减灾、应对气候变化和开发利用气候资源能力，都为气象事业发展指明了方向，鼓舞着我们奋勇前行。习近平总书记特别指出，气象工作关系生命安全、生产发展、生活富裕、生态良好，要求气象工作者推动气象事业高质量发展，提高气象服务保障能力，为我们以更高的政治站位、更宽的国际视野、更强的使命担当实现更大发展，提供了根本遵循。

　　在党中央、国务院的坚强领导下，一代代气象人接续奋斗、奋力拼搏，气象事业发生了根本性变化，取得了举世瞩目的成就。

　　70 年来，我们紧紧围绕国家发展和人民需求，坚持趋利避害并举，建成了世界上保障领域最广、机制最健全、效益最突出的气象服务体系。

　　面向防灾减灾救灾，我们努力做到了重大灾害性天气不漏报，成功应对了超强台风、特大洪水、低温雨雪冰冻、严重干旱等重大气象灾害，为各级党委政府防灾减灾部署和人民群众避灾赢得了先机。我们建成了多部门共享共用的国家突发事件预警信息发布系统，努力做到重点灾害预警不留盲区，预警信息可在 10 分钟内覆盖 86% 的老百姓，有效解决了"最后一公里"问题，充分发挥了气象防灾减灾第一道防线作用。

面向生态文明建设，我们构建了覆盖多领域的生态文明气象保障服务体系，打造了人工影响天气、气候资源开发利用、气候可行性论证、气候标志认证、卫星遥感应用、大气污染防治保障等服务品牌，开展了三江源、祁连山等重点生态功能区空中云水资源开发利用，完成了国家和区域气候变化评估，组织了四次全国风能资源普查，探索建设了国家气象公园，建立了世界上规模最大的现代化人工影响天气作业体系，人工增雨（雪）覆盖 500 万平方公里，防雹保护达 50 多万平方公里，有力推动了生态修复、环境改善，气象已经成为美丽中国的参与者、守护者、贡献者。

面向经济社会发展，我们主动服务和融入乡村振兴、"一带一路"、军民融合、区域协调发展等国家重大战略，主动服务和融入现代化经济体系建设，大力加强了农业、海洋、交通、自然资源、旅游、能源、健康、金融、保险等领域气象服务，成功保障了新中国成立 70 周年、北京奥运会等重大活动和南水北调、载人航天等重大工程，积极引导了社会资本和社会力量参与气象服务，服务领域已经拓展到上百个行业、覆盖到亿万用户，投入产出比达到 1∶50，气象服务的经济社会效益显著提升。

面向人民美好生活，我们围绕人民群众衣食住行健康等多元化服务需求，创新气象服务业态和模式，大力发展智慧气象服务，打造"中国天气"服务品牌，气象服务的及时性、准确性大幅提高。气象影视服务覆盖人群超过 10 亿，"两微一端"气象新媒体服务覆盖人群超 6.9 亿，中国天气网日浏览量突破 1 亿人次，全国气象科普教育基地超过 350 家，气象服务公众覆盖率突破 90%，公众满意度保持在 85 分以上，人民群众对气象服务的获得感显著增强。

70 年来，**我们始终坚持气象现代化建设不动摇**，**建成了世界上规模最大、覆盖最全的综合气象观测系统和先进的气象信息系统**，**建成了无缝隙智能化的气象预报预测系统**。

综合气象观测系统达到世界先进水平。气象观测系统从以地面人工观测为主发展到"天—地—空"一体化自动化综合观测。现有地面气象观测站 7 万多个，全国乡镇覆盖率达到 99.6%，数据传输时效从 1 小时提升到 1 分钟。建成了 216 部雷达组成的新一代天气雷达网，数据传输时效从 8 分钟提升到 50 秒。成功发射了 17 颗风云系列气象卫星，7 颗在轨运行，为全球 100 多个国家和地区、国内 2500 多个用户提供服务，风云二号 H 星成为气象服务"一带一路"的主力卫星。建立了生态、环境、农业、海洋、交通、旅游等专业气象监测网，形成了全球最大的综合气象观测网。

气象信息化水平显著增强。物联网、大数据、人工智能等新技术得到深入应用，形成了"云＋端"的气象信息技术新架构。建成了高速气象网络、海量气象数据库和国产超级计算机系统，每日新增的气象数据量是新中国成立初期的 100 多万倍。新建设的"天镜"系统实现了全业务、全流程、全要素的综合监控。气象数据率先向国内外全面开放共享，中国气象数据网累计用户突破 30 万，海外注册用户遍布 70 多个国家，累计访问量超过 5.1 亿人次。

气象预报业务能力大幅提升。从手工绘制天气图发展到自主创新数值天气预报，从站点预报发展到精细化智能网格预报，从传统单一天气预报发展到面向多领域的影响预报和风险预警，气象预报预测的准确率、提前量、精细化和智能化水平显著提高。全国暴雨预警准确率达到 88%，强对流预警时间提前至 38 分钟，可提前 3 ~ 4 天对台风路径做出较为准确的预报，达到世界先进水平。2017 年中国气象局成为世界气象中心，标志着我国气象现代化整体水平迈入世界先进行列！

70 年来，我们紧跟国家科技发展步伐和世界气象科技发展趋势，大力加强气象科技创新和人才队伍建设，我国气象科技创新由以跟踪为主转向跟跑并跑并存的新阶段。

建立了较为完善的国家气象科技创新体系。我们不断优化气象科技创新功能布局，形成了气象部门科研机构、各级业务单位和国家科研院所、高等院校、军队等跨行业科研力量构成的气象科技创新体系。强化气象科技与业务服务深度融合，大力发展研究型业务。加快核心关键技术攻关，雷达、卫星、数值预报等技术取得重大突破，有力支撑了气象现代化发展。坚持气象科技创新和体制机制创新"双轮驱动"，形成了更具活力的气象科技管理制度和创新环境。气象科技成果获国家自然科学奖 26 项，获国家科技进步奖 67 项。

科技人才队伍建设取得丰硕成果。我们大力实施人才优先战略，加强科技创新团队建设。全国气象领域两院院士 35 人，气象部门入选"千人计划""万人计划"等国家人才工程 25 人。气象科学家叶笃正、秦大河、曾庆存先后获得国际气象领域最高奖，叶笃正获国家最高科学技术奖。一系列科技创新成果和一大批科技人才有力支撑了气象现代化建设。

70 年来，我们坚持并完善气象体制机制、不断深化改革开放和管理创新，气象事业从封闭走向开放、从传统走向现代、从部门走向社会、从国内走向全球。

领导管理体制不断巩固完善。坚持并不断完善双重领导、以部门为主的领导管理体制和双重计划财务体制，遵循了气象科学发展的内在规律，实现了气象现代化全国统一规划、统一布局、统一建设、统一管理，形成了中央和地方共同推进气象事业发展、共同建设气象现代化的格局，满足了国家和地方经济社会发展对气象服务的多样化需求。

各项改革不断深化。坚持发展与改革有机结合，协同推进"放管服"改革和气象行政审批制度改革，全面完成国务院防雷减灾体制改革任务，深入推进气象服务体制、业务科技体制、管理体制等改革，初步建立了与国家治理体系和治理能力现代化相适应的业务管理体系和制度体系，为气象事业高质量发展注入强大动力。

开放合作力度不断加大。与近百家单位开展务实合作，形成了省部合作、部门合作、局校合作、局企合作的全方位、宽领域、深层次国内开放合作格局。先后与 160 多个国家和地区开展了气象科技合作交流，深度参与"一带一路"建设，为广大发展中国家提供气象科技援助，100 多位中国专家在世界气象组织、政府间气候变化专门委员会等国际组织中任职，气象全球影响力和话语权显著提升，我国已成为世界气象事业的深度参与者、积极贡献者，为全球应对气候变化和自然灾害防御不断贡献中国智慧和中国方案。

气象法治体系不断健全。建立了《气象法》为龙头，行政法规、部门规章、地方法规组成的气象法律法规制度体系，形成了由国家、地方、行业和团体等各类标准组成的气象标准体系，气象事业进入法治化发展轨道。

70 年来，我们始终坚持党对气象事业的全面领导，以政治建设为统领，全面加强党的建设，在拼搏奉献中践行初心使命，为气象事业高质量发展提供坚强保证。

70 年来，气象事业发展历程中人才辈出、精神璀璨，有夙夜为公、舍我其谁的开创者和领导者，有精益求精、勇攀高峰的科学家，有奋楫争先、勇挑重担的先进模范，有甘于清苦、默默奉献的广大基层职工。一代代气象人以服务国家、服务人民的深厚情怀，谱写了气象事业跨越式发展的壮丽篇章；一代代气象人推动着气象事业的长河奔腾向前，唱响了砥砺奋进的动人赞歌；一代代气象人凝练出"准确、及时、创新、奉献"的气象精神，激发起干事创业的担当魄力！

70 年的发展实践，我们深刻地认识到，**坚持党的全面领导是气象事业的根本保证**。70 年来，在党的领导下，气象事业紧贴国家、时代和人民的要求，实现健康持续发展。我们坚持以习近平新时代中国特色社会主义思想为指导，增强"四个意识"，坚定"四个自信"，做到"两个维护"，把党的领导贯穿和体现到气象事业改革发展各方面各环节，确保气象改革发展和现代化建设始终沿着正确的方向前行。**坚持以人民为中心的发展思想是气象事业的根本宗旨**。70 年来，我们把满足人民生产生活需求作为根本任务，把保护人民生命财产安全放在首位，把老百姓的安危冷暖记在心上，把为人民服务的宗旨落实到积极推进气象服务供给侧结构性改革等各方面工作，促进气象在公共服务领域不断做出新的贡献。**坚持气象现代化建设不动摇是气象事业的兴业之路**。70 年来，我们坚定不移加强和推进气象现代化建设，以现代化引领和推动气象事业发展。我们按照新时代中国特色社会主义事业的战略安排，谋划推进现代化气象强国建设，确保气象现代化同党和国家的发展要求相适应、同气象事业发展目标相契合。**坚持科技创新驱动和人才优先发展是气象事业的根本动力**。70 年来，我们大力实施科技创新战略，着力建设高素质专业化干部人才队伍，集中攻关制约气象事业发展的核心关键技术难题，促进了气象科技实力和业务水平的不断提升。**坚持深化改革扩大开放是气象事业的活力源泉**。70 年来，我们紧跟国家步伐，全面深化气象改革开放，认识不断深化、力度不断加大、领域不断拓展、成效不断显现，推动气象事业在不断深化改革中披荆斩棘、破浪前行。

铭记历史，继往开来。《新中国气象事业 70 周年》系列画册选录了 70 年来全国各级气象部门最具有历史意义的图片，生动全面地记录了气象事业的发展足迹和突出贡献。通过系列画册，面向社会充分展示了气象事业 70 年来的生动实践、显著成就和宝贵经验；展现了气象事业对中国社会经济发展、人民福祉安康提供的强有力保障、支撑；树立了"气象为民"形象，扩大中国气象的认知度、影响力和公信力；同时积累和典藏气象历史、弘扬气象人精神，能够推动气象文化建设，凝聚共识，汇聚推进气象事业改革发展力量。

在新的长征路上，气象工作责任更加重大、使命更加光荣，我们将以习近平新时代中国特色社会主义思想为指导，不忘初心、牢记使命，发扬优良传统，加快科技创新，做到监测精密、预报精准、服务精细，推动气象事业高质量发展，提高气象服务保障能力，发挥气象防灾减灾第一道防线作用，以永不懈怠的精神状态和一往无前的奋斗姿态，为决胜全面建成小康社会、建设社会主义现代化国家做出新的更大贡献！

中国气象局党组书记、局长：刘雅鸣

2019 年 12 月

前 言

　　云南地处祖国的西南边陲，气候类型既丰富又复杂，导致云南气象灾害较为严重，有"无灾不成年"之说。同时，云南也是 25 个少数民族的世居家园。

　　中华人民共和国的成立为云南气象事业发展开辟了广阔前景，来自五湖四海的气象人怀着青春的梦想和建设祖国的热情跋山涉水，在云岭红土高原 39 万平方千米土地上建立起一个个气象观测站。经过 70 年砥砺奋进，在中国共产党的坚强领导下，在中国气象局和云南省委、省政府的有力指导下，云南省气象事业逐步发展壮大，尤其是党的十八大以来，事业发展环境不断优化，气象业务现代化整体水平有效提升，气象服务保障能力持续增强，科技和人才队伍建设得到强化，事业发展迈入了快速发展的新阶段。

　　在新中国成立 70 周年之际，我们以画册的形式，辑集这本《新中国气象事业 70 周年·云南卷》。画册选录了 70 年来云南气象事业发展过程中的重要瞬间，收录了党和政府的亲切关怀、气象服务、气象业务、气象科技、气象管理的发展以及党建文明等方面的图片和内容，真实记录了 70 年来云南气象事业的发展足迹，展示了云南气象人的奋斗精神。

一切伟大成就都是接续奋斗的结果，一切伟大事业都需要在继往开来中推进。在习近平新时代中国特色社会主义思想指引下，云南气象部门将进一步提高政治站位，深入贯彻落实习近平总书记关于气象工作重要指示和考察云南重要讲话精神，更加主动融入服务国家战略和云南经济社会发展大局，着力推进云南高质量气象现代化建设，谱写云南气象事业新的篇章。

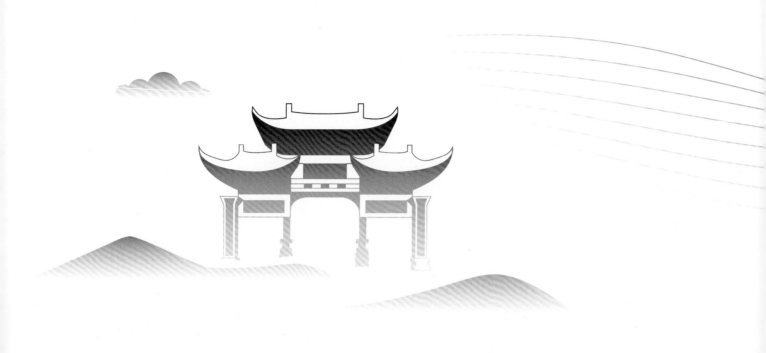

目　录

亲切关怀篇

云南省气象事业的发展，离不开党和政府的领导、关心和支持。新中国成立以来，中国气象局和云南省委、省政府历任领导多次视察云南气象工作，对云南气象工作做出重要指示。中国气象局与云南省人民政府多次开展省部合作，共同推进云南气象事业高质量发展。

▲ 1957 年 10 月 28 日，云南省副省长张冲（前排右七）出席云南省农业气象座谈会

▲ 1986 年，国家气象局副局长骆继宾（右一）在文山州气象局检查指导工作

▲ 1987 年 6 月 18 日，云南省省长和志强（右二）到云南省气象局视察指导工作

▲ 1990 年，云南省副省长保永康（左一）为太华山气象站题词

▲ 1990 年 12 月 24 日，国家气象局副局长温克刚（左三）到玉溪市气象局调研指导

▲ 1993 年 5 月 19 日，云南省副省长黄炳生（左二）视察云南省气象局

▲ 1993 年 5 月 31 日，云南省委书记普朝柱（左五）在文山州麻栗坡县气象局视察指导气象工作

▲ 1994 年 2 月 22 日，全国气象局长会议在昆明召开，助推了云南省气象事业的发展

▲ 1994 年 2 月 22 日，云南省省长和志强（中）与中国气象局局长邹竞蒙（左四）在昆明共商云南气象事业发展大计后合影留念

▲ 1994 年 2 月 24 日，中国气象局局长邹竞蒙（左四）到云南省气象部门调研指导

▲ 1998 年 4 月 30 日，云南省人大常委会主任尹俊（中）视察云南省气象局

▲ 1999 年，全国人大法律委员会副主任周克玉（中）视察太华山气象站

▲ 2003 年 8 月 11 日，中国气象局局长秦大河（前排左一）在云南省气象部门调研指导

▲ 2004 年，中国气象局副局长沈晓农（右二）在云南省气象台调研指导工作

▲ 2005 年 5 月 23 日，云南省委副书记王学仁（右四）到云南省气象台视察指导工作

▲ 2010年5月10日，云南省委副书记李纪恒到云南省气象局视察并主持召开全省抗旱形势分析会

▲ 2011年，中国气象局副局长矫梅燕（右二）调研指导气象信息发布工作

▲ 2012年，中国气象局副局长宇如聪（右三）在丽江泥石流灾区指导工作

▲ 2012 年，中国气象局副局长许小峰（右一）慰问腾冲市气象局干部职工

▲ 2012 年 8 月 15 日，中国气象局与云南省人民政府在昆明签署合作协议，在"十二五"期间，共建结构完善、功能先进的云南气象防灾减灾和气象现代化体系，提高气象对云南省面向西南开放重要桥头堡建设服务保障能力，中国气象局局长郑国光（左六）、云南省省长李纪恒（右六）出席签字仪式

▲ 2012 年 8 月 16 日，中国气象局局长郑国光（右一）到云南省气象局调研指导

▲ 2015 年，中国气象局副局长于新文（左四）调研指导气象服务工作

▲ 2016 年 5 月 3 日，中国气象局与云南省人民政府在昆明举行《"十三五"期间推进云南省气象现代化，加强气象防灾减灾
体系建设合作协议》签约仪式。双方在"十三五"期间将共同加快推进云南气象现代化建设，加强气象防灾减灾体系建设，
全面提高云南气象事业发展质量和效益，切实提升气象服务经济社会发展的能力和水平，中国气象局局长郑国光（左五）、
云南省委书记李纪恒（左六）出席签字仪式

▲ 2016 年 5 月 25 日，云南省省长陈豪（右二）到云南省气象局视察指导工作

▲ 2017年12月2日，云南省副省长张祖林（右四）在迪庆州气象局调研指导

▲ 2018年2月12日，云南省副省长和良辉（左一）在云南省气象局调研指导

▲ 2018年8月30日，云南省人民政府与中国气象局在昆明召开省部合作联席会议并举行共建"面向南亚东南亚气象服务中心"合作框架协议签字仪式。会议形成《云南省人民政府 中国气象局省部合作联席会议纪要》，明确了继续推进气象重点工程建设和运行，建设全国一流气象保障服务体系，建设"面向南亚东南亚气象服务中心"等重大事项，中国气象局局长刘雅鸣（右五）、云南省省长阮成发（左五）出席签字仪式

▲ 2018 年 8 月 31 日，中国气象局局长刘雅鸣（中）在云南省气象部门视察调研

▲ 2019 年 4 月 19 日，云南省人大常委会副主任纳杰（前排左三）在云南省气象局调研指导

气象服务篇

　　新中国成立初期，云南省气象工作主要为国防服务。1954 年建制后，既为国防服务，同时又为地方经济社会发展服务。20 世纪 80 年代中期，为适应市场经济发展和日益增长的气象服务需求，在加强决策气象服务和公众气象服务的同时，开展专业气象服务。2000 年后，强化公共服务理念，加强气象业务现代化建设对服务工作的支撑，提高气象服务产品的多元化、专业化、精细化程度，服务覆盖面不断向基层和农村延伸，向各行各业拓展，气象服务的社会经济效益显著提高。

防灾减灾救灾气象服务

　　云南地处低纬度高原，属沿边内陆地区，地形复杂，山区广袤，立体气候突出，雨量适中，干湿分明，气候资源丰富。同时也是暴雨、干旱、洪涝、雷电、冰雹、低温、滑坡、泥石流等气象（次生）灾害频发地，气象灾害防御任务较重。

▲ 干旱灾害

▲ 洪涝灾害

▲ 城市内涝

▲ 冰雹灾害

▲ 暴雪灾害

▲ 大风灾害

▲ 地震灾害

▲ 滑坡灾害

▲ 森林火灾

▲ 泥石流灾害

▲ 冰冻灾害

▲ 雷电灾害

云南省气象部门认真贯彻习近平总书记"两个坚持、三个转变"防灾减灾救灾新理念，即坚持以防为主、防抗救相结合，坚持常态减灾和非常态救灾相统一，努力实现从注重灾后救助向注重灾前预防转变，从应对单一灾种向综合减灾转变，从减少灾害损失向减轻灾害风险转变，全面提升全社会抵御自然灾害的综合防范能力。经过多年实践，"党委领导、政府主导、部门联动、社会参与"的气象防灾减灾救灾工作理念深入人心，具有云南特色的基层气象防灾减灾救灾体系基本形成。

云南省人民政府先后出台《关于全面推进气象现代化 加强气象防灾减灾体系建设的意见》等7个气象防灾减灾规范性文件，推动气象防灾减灾体系纳入云南防灾减灾救灾体系建设管理。

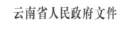

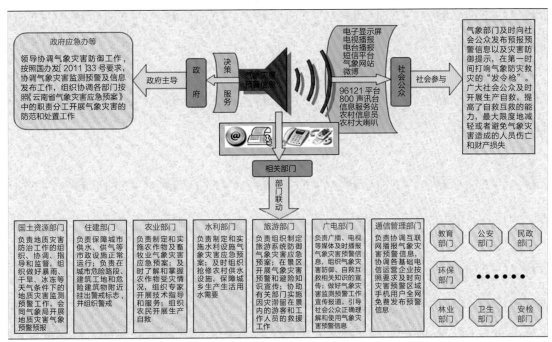

▲ "党委领导、政府主导、部门联动、社会参与"的气象灾害防御机制

▲ 2015 年，云南省政府召开应对厄尔尼诺事件影响专题会

▲ 每年召开气象灾害预警服务联络员会议

▲ 2012 年，召开气象灾害预警服务工作座谈会

▲ 2016 年，云南省气象局领导在全省地质灾害防治工作电视电话会上发言

▲ 云南省气象局决策服务系统

▲ 向省委省政府报送的《每日气象报告》

▲ 2019年，依据气象决策服务材料，云南省政府发电安排部署防灾减灾工作

▲ 2019年，《重要气象信息专报》及启动干旱Ⅳ级应急响应命令

　　2014年，强台风"威马逊"、台风"海鸥"影响云南，分别提前2～3天报送重大气象服务信息专报，及时发布预警信息；省长李纪恒在第一时间做出重要批示，省政府提前安排部署防范工作。

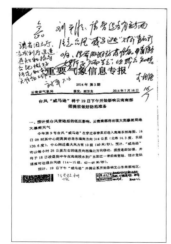

▲ 2019年，《重要气象信息专报》领导批示

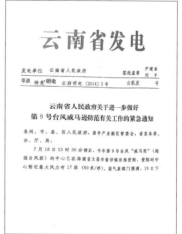

▲ 云南省政府发文部署台风防范工作

▲ "威马逊"台风带来的洪涝和大风灾害

▲ 2014 年，"威马逊"台风来临前，宁洱县勐先和平村小组长黄金国（气象信息员）收到预警短信后，紧急安排村民转移避险

2006 年，昆明安宁"3·29"重大森林火灾历时 9 天，过火面积 1848.7 公顷，受害森林面积 519.3 公顷，是云南省近 20 年来发生的最大一起森林火灾。云南省气象局两次召开专题会议安排部署气象服务工作，启动 Ⅱ 级应急响应，云南省气象局主要领导两次奔赴现场指挥气象服务工作，报送《森林火险服务专题》8 期并成功组织人工增雨作业，为最终扑灭森林火灾做出了重要贡献，被云南省委、省政府授予扑救安宁"3·29"重大森林火灾先进集体。

▲ 云南省气象局领导与昆明市市长商谈人工增雨作业

扑救安宁"3·29"重大森林火灾

先 进 集 体

中共云南省委
云南省人民政府
二〇〇六年四月

▲ 扑救安宁"3·29"重大森林火灾先进集体

▲ 实施人工增雨作业

森林火险服务专题

2006 第 10 期

2006 年 04 月 04 日

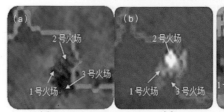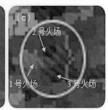

昆明安宁林火遥感动态监测分析

4月2—3日青龙镇火场监测动态变化示意图

(1. TERRA 04-02 11:47; 2.AQUA 04-03 02:56; 3.AQUA 04-03 13:53)

注：图（a），（c）卫星探测到林火燃烧温度较高为亮红色区域，稍弱为暗红色，图（b）

卫星探测到林火燃烧温度较高为亮白区域，稍弱为灰白色）

▲ 昆明安宁林火遥感动态监测分析

▶ 气象防灾减灾体系建设

　　全省各州（市）、县（市、区）全部出台气象灾害应急预案，122 个县出台气象灾害防御规划，1226 个（89%）乡（镇）制定气象灾害应急预案，9217 个（68%）行政村制定气象灾害应急行动计划。在全省乡（镇）建立气象信息服务站 1455 个（覆盖率 97%），在行政村设置气象信息员队伍 1.82 万人（覆盖率 100%）。

▲ 红河州气象信息服务站

▲ 丽江市气象信息服务站

▲2004年，与云南省水利厅等联合编制《云南省山洪灾害防治规划报告》

▲2007年，编制《云南省气象灾害防御规划（2007—2020）》

▲2011年，中共云南省委政策研究室与云南省气象局课题组开展加强云南气象防灾减灾能力建设研究

▲2013年12月24日，召开云南气象信息服务站及气象信息员队伍建设工作会议

▲2013年，全省表彰10名优秀气象信息员

◀2016年12月8日，保山市隆阳区举办乡镇气象信息员专题培训会

全省气象部门建立了灾害性天气"内响应、外联动"机制,实现灾害性天气和气象灾害监测预警全省三级"一张网",建立重大气象灾害预警手机短信发布"绿色通道"和分区发布机制。利用省级突发事件预警信息发布平台组建了 25 万人的预警信息发布决策短信群组,与自然资源、水利、地震、交通、旅游、农业、林业、民政等部门建立会商机制和应急联动机制。

▲ 江城县嘉禾乡平掌村地质灾害气象监测预警服务效益评估现场会

▲ 2013 年云南省暴雨洪涝灾害风险普查业务培训班

▲ 气象、国土部门联合制作发布地质灾害气象风险预警

▲ 气象、水利部门联合制作发布山洪灾害气象预警

▲ 气象、水利部门联合制作发布山洪灾害气象预警

年份	类别	省级	州市级	区县级	合计（条）
2019年	气象灾害预警	207	1840	14700	16747
	地质灾害风险预警	10	293	1317	1620
	山洪灾害风险预警	/	38	85	123
	合计	217	2171	16102	18490

▲ 2019 年，全省各级气象部门发布气象灾害、地质灾害风险、山洪灾害风险预警
　18490 条

▲ 2018 年建成投入使用的云南省突发事件预警信息发布中心

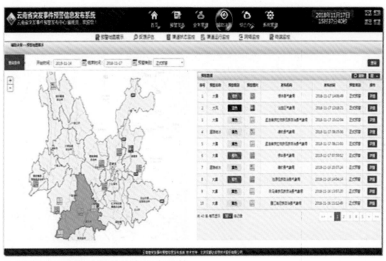

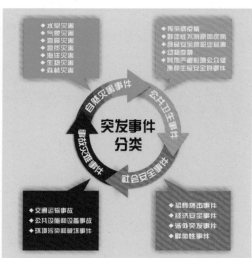

▲ 云南省突发事件预警信息发布系统

▶ 重大灾害应急服务

　　截至 2019 年，全省共有 116 套便携式移动气象站、2 部移动天气雷达、2 部移动风廓线雷达、2 部移动气象台、1 套北斗单兵站、6 部无人机等野外应急装备。灾害发生后，气象应急装备和物资可实现跨区域调配。全省有应急队伍 304 人（省级 34 人，州市级 270 人）。灾害发生后 2 小时可派出相关专家赶赴灾区开展现场应急服务。

▲ 2014 年 10 月，云南省省长李纪恒主持召开景谷"10·7"抗震救灾指挥部会议，云南省气象局领导参加

▲ 2018 年 9 月 8 日，墨江地震移动应急气象服务

▲ 2008 年，楚雄州"11·2"特大自然灾害应急气象服务

▲ 2014 年，景谷"10·7"地震应急气象服务

▲ 2009 年，腾冲中缅边境森林火灾应急监测

▲ 2013 年，宁洱"5·31"气象应急服务现场

▲ 2017 年，西双版纳州玉磨铁路"9·14"隧道坍塌事故气象应急服务

▲ 2014 年，大理州云龙县功果桥镇泥石流灾害救灾应急服务

▲ 2012 年 9 月 7 日，昭通彝良发生 5.7 级地震，气象部门迅速开展应急服务

▲ 每年开展气象应急演练

▲ 2014 年 3 月 9 日，禄丰森林火灾现场气象服务

▲ 2014 年，在鲁甸地震核心区龙头山镇安装自动站

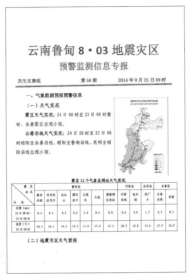

▲ 鲁甸地震灾区预警监测信息专报

▲ 在鲁甸龙头山镇开展应急保障服务

▲ 鲁甸"8·3"地震应急气象服务

▲ 鲁甸地震救灾指挥部向云南省气象局赠送锦旗

▶ 重大活动保障

多年来，全省气象部门积极做好重大社会经济文化活动及重点建设工程项目的气象保障服务工作。

▲ 1992 年，第三届中国艺术节气象服务

▲ 1987 年，澜沧江漫湾水电站截流气象服务

▲ 1999 年 5—10 月，为世界园艺博览会提供气象保障服务

▲ 1993 年，首届昆明出口商品交易会气象服务

▲ 1999 年，世界园艺博览会开幕前的人工消雨作业

▲ 2007 年，金沙江溪洛渡水电站截流气象服务

公众气象服务

云南公众气象服务始于 20 世纪 50 年代后期，当时主要是通过电话、报纸、广播电台、信函等开展服务。80 年代起，服务内容不断增加，服务方式和传播渠道不断拓宽。进入 21 世纪，随着气象科技的进步和信息技术的迅猛发展，公众气象服务开始迈向现代化，并向农村和基层延伸。

电子显示屏　　　　　微博
　　　　微信　　　　专报
邮件
电视
广播
网站　　社会主流媒体参与
　　　　和
　　　助力气象信息发布
　　　　及
　　　　科普宣传
报纸
传真
　　　　热线电话
手机短信
手机 APP
声讯电话
大喇叭

▲ 积极打造立体多样与融合发展的气象服务传播矩阵

▲ 2002 年 10 月 20—21 日，全省气象科技服务与产业发展工作会议

▲ 2002 年 10 月 27—30 日，全国公益气象服务工作会议在昆明召开

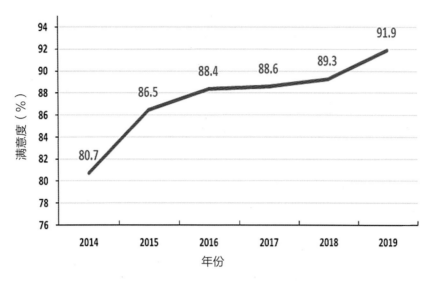

▲ 2014—2019 年云南省气象服务公众满意度

▶ **早期公众服务**

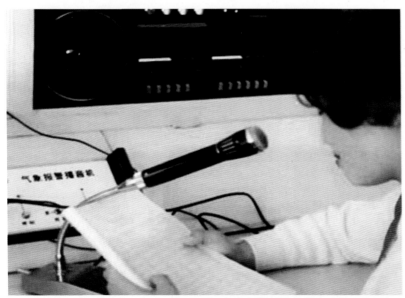

▲ 20 世纪 80 年代中期，气象预报员利用气象报警播音机发布重要天气预报

▲ 20 世纪 50 年代，昭通镇雄气象站正在挂出大雨气象旗

▲ 20世纪90年代，用于接收气象信息的BP机

▲ 1998年，云南电视台播出的电视天气预报

▲ 《云南日报》刊载的天气预报

▲ 《春城晚报》刊载的天气资讯

▲ 1998年，98121气象信息台（寻呼台）开通仪式

▶ 逐步发展的多样化公众服务

▲ 2006年12月31日，红河州电视气象信息新版首播仪式

▲ 2014年，昆明市气象局领导做客《春城热线》

▲ 2019 年，楚雄城市预报首登央视荧屏

▲ 2019 年，气象主持人合影

▲ 2019 年，气象主持人录制节目

▲ 2017 年，中国国际旅游交易会直播

▲ 2019 年，云南应急广播专家访谈直播

▲ 2019 年，世界气象日专家访谈直播

▶ 新媒体气象服务

▲ 云南气象 APP

▲ 云南气象微博

▲ 省、州（市）、县三级微信公众号

▲ 云南省气象局官网

▲ 中国天气网云南站

▶ 为农气象服务

早在 20 世纪 50 年代后期，云南省气象部门在做好观测和预报业务的同时，逐渐开展为农气象服务。多年来，气象部门始终将为农气象服务作为气象服务工作的重点，主动适应农业生产和结构调整的需求，从单一的为农作物服务拓展为面向农业、农村、农民的公共气象服务，建立农业气象业务产品体系，依托集约化现代化业务平台和多样化传播渠道，实现向现代农业气象服务转变。

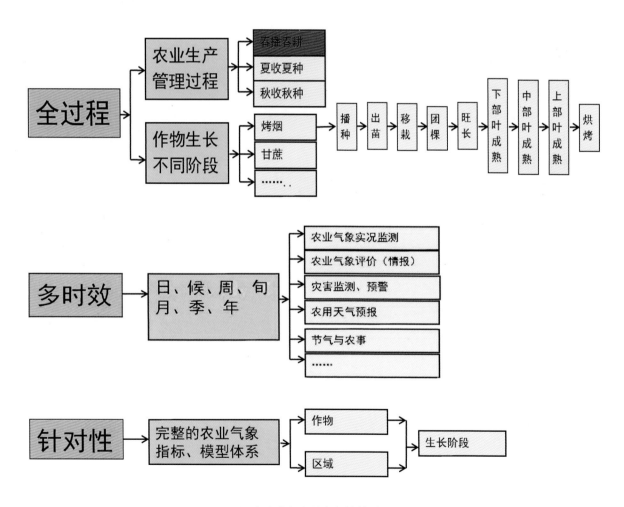

▲ 云南农业气象服务架构体系

▶ 丰富多样的农业气象服务产品

云南省秋收秋种气象服务专报

2019 年 第 6 期

滇中北部、滇东北持续阴雨对秋收不利
宜采取措施抢收秋粮

农业气象月报

2019 年 第 6 期

云南省气象灾害监测评估预警

2019 年 第 1 期

去年秋播以来全省农业生产气象条件分析
及未来天气气候趋势预测与影响预估

关键农事季节和作物生育
期气象服务

2019 年 第 4 期

立冬将至 小麦及时查苗补缺 油菜注意防虫

作物产量气象预报

2019 年 第 3 期

▶ 高原特色现代农业气象服务

围绕云南大力发展高原特色现代农业的契机，气象部门建成由省、州（市）两级业务和省、州（市）、县三级服务，272 个专业观测站、省级和 6 个特色作物分中心、482 人的专兼职服务队伍、100 余项服务指标等为支撑的高原特色现代农业气象服务体系。服务涵盖烟草、咖啡、橡胶、甘蔗主要"云"字牌品种，为 1.3 万个新型农业经营主体开展直通式服务，智慧农业气象服务惠及 1.87 万注册用户。

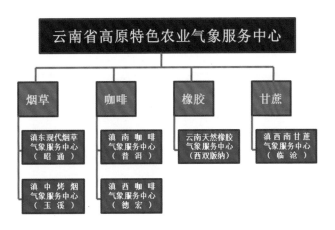

▲ 云南高原特色农业气象业务结构布局

针对高原粮仓及"云系"十二品牌建立 121 项指标、22 个算法模型；编制 9 个周年服务方案、5 种作物的服务手册；编制 164 个精细化农业气候区划、170 个农业气象灾害风险区划；针对 30 种作物，制作 374 种服务产品；相关研究成果形成 3 个气象行业标准和 2 个地方标准。

大类	涉及作物	具体指标
高原粮仓	水稻、玉米、小麦	水稻生长气候适宜度指标、玉米生长气候适宜度指标、小麦生长气候适宜度指标、水稻低温冷害预警指标、水稻收获气象适宜度指标、玉米干旱灾害等级指标、小麦低温冷害预警指标
云烟	烤烟	烤烟生长气候适宜度指标、烤烟低温冷害预警指标、烤烟干旱灾害监测预警指标、烤烟病虫害发生气象等级指标、烤烟渍涝灾害监测预警指标
云糖	甘蔗	甘蔗生长气候适宜度指标、甘蔗低温冷害预警指标、甘蔗干旱灾害监测预警指标、甘蔗农事活动适宜性评价指标
云茶	普洱茶	茶叶霜冻预警指标、茶叶采摘适宜性指标
云胶	天然橡胶	橡胶开割期割胶天气适宜度指标、橡胶树白粉病流行天气适宜度等级指标、橡胶树低温寒害监测预警指标
云菜	大白菜等	大白菜霜冻预警指标
云花	玫瑰	玫瑰低温冷冻害预警指标、玫瑰高温预警指标、玫瑰渍涝灾害预警指标、玫瑰蚜虫发生天气适宜性指标、玫瑰白粉病发生天气适宜性指标、玫瑰霜霉病发生天气适宜性指标
云果	红色梨、香蕉、枇杷	红色梨生长期气候适宜性指标、红色梨需冷量逐日统计、香蕉低温冷冻害监测预警指标、枇杷低温冷害监测预警指标
云药	三七	三七干旱灾害监测预警指标
云林	小粒咖啡	小粒咖啡干旱监测预警指标、小粒咖啡低温寒害监测预警指标
云渔	淡水养鱼	淡水鱼生长溶解氧适宜性指标、鱼塘水质溶解氧监测指标、鱼塘电导率水质监测指标、淡水鱼生长PH值指标、鱼塘PH值水质指标
云畜	猪、肉牛、鸡	猪舍温度和湿度控制监测指标、肉牛生长环境控制监测指标、鸡生长环境控制监测指标
云薯	马铃薯	冬作马铃薯低温霜冻预警指标

▲ 建立 121 项服务指标

产品类别	特色作物	产品数量	实况监测类	农用天气预报类	评价类	灾害监测预警
为农服务		56	43		1	12
高原粮仓	水稻、玉米、蚕豆、油菜	57	43	1	4	9
云烟	烤烟	54	40	1	2	11
云糖	甘蔗	49	43	2	2	2
云胶	天然橡胶	49	42	3		4
云茶		42	41			1
云林	小粒咖啡	51	41	4		6
云菜	大白菜、菜豌豆、萝卜、番茄、黄瓜、青椒、茄子、甘蓝	8				8
云果	杨梅、柑橘、枇杷、龙眼、香蕉、荔枝	7				7
云渔	淡水养鱼	1				1
合计		374	293	11	9	61

▲ 服务产品分类

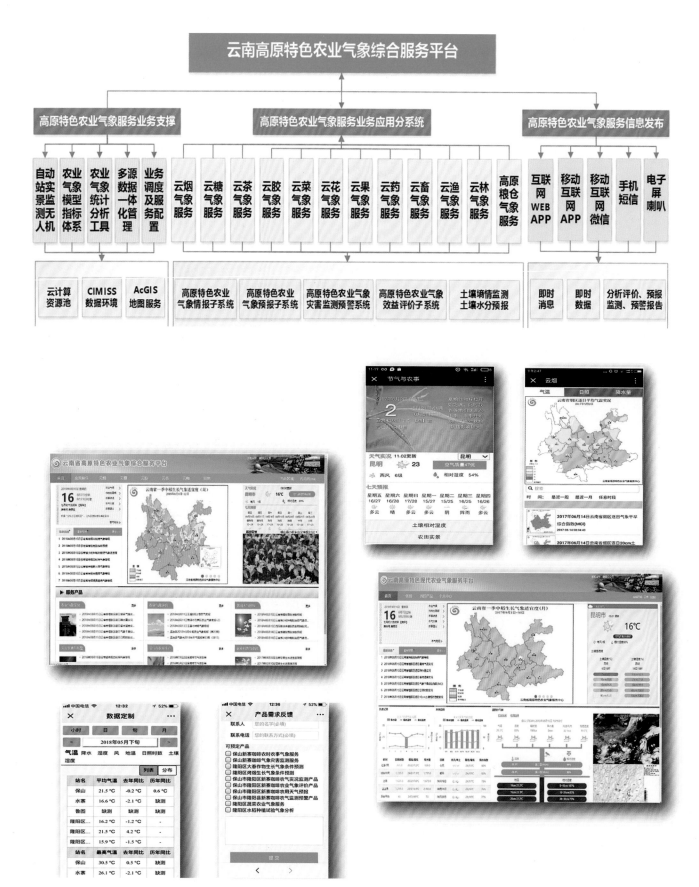

▲ 针对不同用户，开发了网页、微信的公众版和专业版。专业版实现了产品和数据的"个性化定制"以及"供给"和"需求"的有效沟通

▶ "云烟"气象服务

2017年，云南省高原特色农业气象服务中心被农业部、中国气象局联合认定为全国烤烟气象服务中心。

▲ 烤烟气象服务中心批文

▲ 成立滇东现代烟草气象服务示范中心

▲ 烤烟农田小气候观测站是我国第一个新型农业气象自动观测站，它首次实现对烤烟农艺性状、生长发育期和株间小气候全方位监测

▲ 烤烟气象业务服务支撑平台

▶ "云咖" 气象服务

中国咖啡种植以云南为主，种植面积高达 11.8 万公顷，产量占全国的 95% 以上。

▲ 2016 年，在中国咖啡第一村（保山潞江坝）建立了我国第一个咖啡气象研究综合实验区

▲ 普洱咖啡生产田间调查

▲ 思茅区南岛河"三农"咖啡气象观测站（主站）

▶ "云茶"气象服务

　　享誉全球的普洱茶主要分布在澜沧江中下游流域，尤其以曼松、班章、景迈、冰岛、昔归、邦崴等著名茶山的古树茶品质最优。在著名大小茶山上建立了 36 个普洱茶小气候观测站，采集气象、生态、品质数据。

▲ 西双版纳南糯山茶叶气象观测站

▲ 气象部门与临沧邦泰昔归庄园签署合作协议

▲ 双江勐库冰岛茶叶气象观测站

▲ 风庆茶叶气象观测站

▶ "云胶""云糖""云果""云菜""云花"气象服务

▲ 与农垦部门联合开展橡胶白粉病调查

▲ 孟连县气象局高原特色农业气象服务甘蔗示范田

▲ 橡胶冠层铁塔气象观测

▲建水县气象局科技人员调查蔬菜受冻情况

▲猕猴桃基地气象服务

▲ 安宁红色梨产业气象服务试验基地

▲ 芒市气象局科技人员开展玉米观测

▲ 建水县气象局科技人员调查蔬菜受冻情况

▲ 指导农户种植葫芦梨

▲ 元江县气象局火龙果农业气象观测站

▲ 通海县气象局开展大棚花卉种植气象服务

▶ **生态气象服务**

▲ 双柏县气象局大气负氧离子监测站

▲ 德钦县气象局开展梅里雪山冰川观测

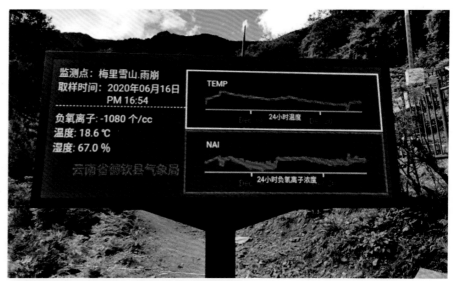

▲ 德钦县气象局梅里雪山雨崩村负氧离子监测站

▲ 丘北普者黑湿地公园气象观测站

▲ 滇池生态气象监测船

▲ 大理洱海湖面大气及水环境观测系统

▲ 2017 年,石林彝族自治县"中国天然氧吧"揭幕仪式

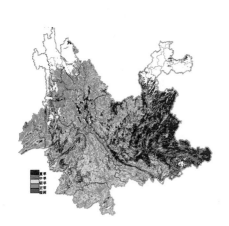

▲ 云南省土壤湿度遥感监测

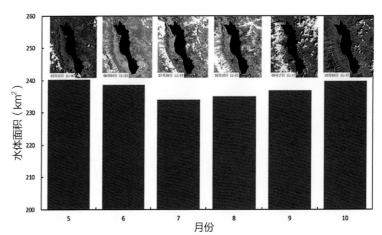

▲ 大理洱海湖泊水体面积监测

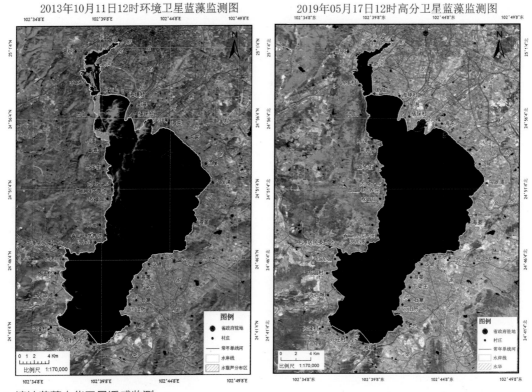

▲ 滇池蓝藻水华卫星遥感监测

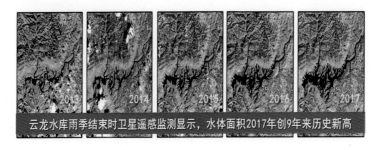

▲ 昆明禄劝云龙水库水体面积监测

▶ 气候资源开发

云南省地处低纬高原，拥有我国从海南岛到黑龙江大兴安岭的 7 种气候带，即北热带、南亚热带、中亚热带、北亚热带、南温带、中温带、北温带（高原气候区），主要表现为四季温差小、日温差大、干湿季分明、气候类型多样、立体气候特征显著。适宜多种农作物和植物生长，物种优势明显。

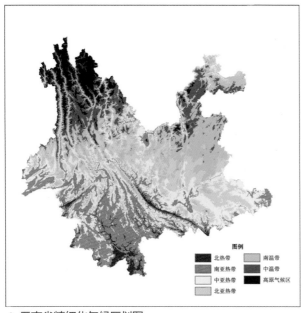

▲ 云南省精细化气候区划图

编纂出版了各类云南气候资源图集和专著，成果丰硕。

 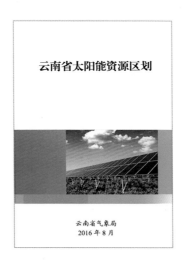 

▶ 行业气象服务

　　自 20 世纪 80 年代中期开始，云南气象部门开始拓展服务领域，开展面向水电、水利、旅游、交通、能源、健康、重点工程等多行业多方位的专业气象服务。

　　围绕云南"八大产业"建设，聚焦云南打造世界一流"绿色能源""绿色食品""健康生活目的地"三张牌、脱贫攻坚、生态文明建设、面向南亚与东南亚辐射中心建设等对气象保障服务的现实需求，通过实施一批重点工程，建立完善一系列气象服务体系，基本建成保障国家战略有力，服务云南发展有效的全国一流气象保障服务体系。

▲ 主要行业气象服务示意图

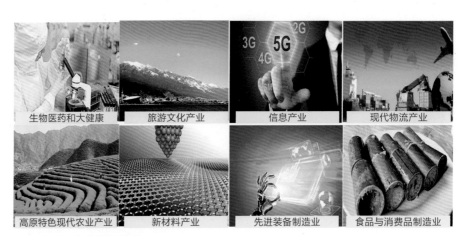

生物医药和大健康　　旅游文化产业　　信息产业　　现代物流产业

高原特色现代农业产业　　新材料产业　　先进装备制造业　　食品与消费品制造业

▲ 云南"八大产业"建设

水电气象服务

▲ 2005 年 11 月 24 日，召开全省水电气象服务研讨会

▲ 安装在溪洛渡电站工地的自动气象站

▲ 溪洛渡水电站工地交流气象服务经验

▲《云南水电气象》

能源气象服务

▲ 2010 年，施甸县风电场选址

▲ 风电场风能资源测量、评估、报告编制规范地方标准

▲ 大理云龙干岭山风电场防雷安全检测

旅游气象服务

集约建成省、市、县一体化全域旅游气象服务平台，服务覆盖全省 337 个景区以及知名特色小镇、边境口岸等。

▲ 气象服务整合融入
"一部手机游云南"平台

"一带一路"气象保障服务

▲ 2019 年，举办面向南亚与东南亚国家援助项目——气象灾害预报与风险管理技术培训班

▶ 人工影响天气

　　1959年8月10日，中央气象局在云南大理州鹤庆县召开全国人工防雹消雹技术交流会，22个省（市、区）的82名代表参加会议。介绍了鹤庆县土炮防雹消雹经验，动员全国气象部门开展群众性人工控制局部天气试验，对之后全国开展人工影响天气工作产生了积极深远的影响。下图为鹤庆县民间用火枪、熏烟等方法配合土炮人工防雹。

　　云南是我国最早开展人工影响天气工作的省份之一，人工影响天气在云南具有特殊的重要地位，也最具特色。全省空地结合的人工增雨作业每年增加降水约26.8亿立方米。每年在烤烟、水果、蔬菜、花卉等经济作物生长关键时期，在主产区年平均开展防雹作业6300次，保护农经作物129.9万公顷，人工防雹有效率达80%以上。

▲ "空中国王"350增雨飞机

▲ 火箭增雨作业

▲ 高炮防雹作业

▲ 标准化作业点

▲ 云南省人工影响天气指挥平台

▲ 云南省、市、县三级人影作业指挥管理系统

▲ 云南人影作业空域申报系统

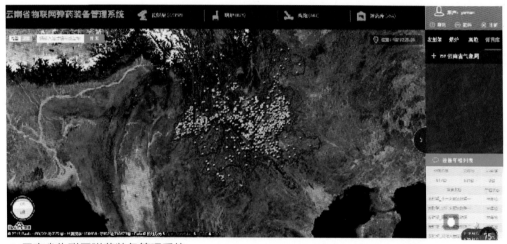

▲ 云南省物联网弹药装备管理系统

▲ 人工增雪作业

▲ 人工增雪作业

▲ 人影流动作业车作业

▲ 森林火灾现场夜间人影服务

▶ 助力脱贫攻坚

全省气象部门定点帮扶 211 个行政村，7107 户建档立卡户。298 名驻村工作队员坚守在扶贫一线，89 人任驻村第一书记，为云南脱贫攻坚做出了贡献。云南省气象局定点挂钩帮扶大理州祥云县鹿鸣乡罗溪村。

▲ 2017 年，云南省气象局领导调研气象精准扶贫

▲ 祥云县罗溪村防雷塔

▲ 祥云县罗溪村移民搬迁安置点新面貌

▲ 指导罗溪村特色林果（沃柑）种植

▲ 为胡蜂养殖户安装气象电子屏

气象业务篇

经过 70 年的建设发展，云南气象观测业务从单一的、人工的、地面的向综合的、自动的、立体的方向发展，逐步建成了现代综合气象观测体系。从传统经验预报发展到以数值预报开发应用为主的现代气象预报业务，预报预测客观化、定量化和精细化水平稳步提高。从传统的气象通信系统发展到现代气象信息系统，大数据、云计算、"互联网＋"等新技术得到广泛应用，气象现代化水平迈上新台阶。

综合气象观测

　　云南气象观测站建设，从新中国建立初期有 9 个国家气象观测站，发展至 2019 年的 570 个国家级地面气象观测站（其中有 10 个国家基准气候站、24 个国家基本气象站、536 个国家气象观测站）、2583 个省级（常规）气象观测站、204 个应用气象观测站，站间距由 2002 年的 50 千米缩小到 2019 年的 11 千米；建成国家天气雷达监测网、国家高空气象观测网、国家气象卫星地面接收站网；初步建成农业、交通、生态、旅游等应用气象监测网。

▲ 雷电监测

▲ L 波段探空雷达

▲ 应用气象观测站（交通）

▲ 国家天气雷达站

▲ 山洪地质灾害监测站

▲ 国家无人基准气候站

▲ 国家风云气象卫星省级地面接收站

▶ 云南省气象部门台站种类及数量（2019）

国家级地面站： **570** 个（10 个国家基准气候站、24 个国家基本气象站、536 个国家
气象观测站）

国家高空气象观测站： **5** 个（昆明、思茅、蒙自、丽江、腾冲）

GCOS 站： **3** 个（高空－昆明；地面－腾冲、蒙自）

省级（常规）气象观测站： **2583** 个

国家综合气象观测专项试验外场： **4** 个（昆明、景洪、昭通、芒市）

国家天气雷达站： **11** 个（昆明、昭通、文山、普洱、德宏、丽江、大理、临沧、曲靖、
红河、西双版纳）

国家气象卫星省级地面接收站： **2** 个（静止卫星－呈贡；极轨卫星－祥云）

国家气候观象台： **1** 个（大理）

国家大气本底站： **1** 个（香格里拉）

国家无人基准气候站： **1** 个（龙陵碧寨）

应用气象观测站（交通）： **22** 个

应用气象观测站（农业）： **182** 个

农业气象观测： **22** 个（一级站 17 个，二级站 5 个）

辐射观测： **5** 个（昆明、景洪、腾冲、蒙自、丽江）

酸雨观测： **6** 个（昆明、丽江、思茅、腾冲、楚雄、砚山）

大气成分观测： **2** 个（昆明、沾益）

GNSS/MET 水汽监测： **8** 个

陆态网监测： **6** 个

二维闪电定位监测： **22** 个

三维闪电定位监测： **24** 个

大气电场监测： **56** 个

自动土壤水分监测： **37** 个

负氧离子监测： **20** 个

▶ 云南国家级地面气象观测站掠影

▲ 瑞丽国家基本气象站

▲ 景洪国家基本气象站

▲ 丽江国家基准气候站

▲ 香格里拉国家基本气象站

▲ 孟连国家气象观测站

▲ 昆明国家基准气候站

▲ 绿春国家气象观测站

▲ 澄江国家气象观测站

▲ 祥云国家气象观测站

▶ 地面人工观测

新中国成立至 2002 年，云南地面气象观测主要以人工观测为主。

▲ 20 世纪 60 年代，梁河站观测员在观测值班

▲ 20 世纪 70 年代，德钦站观测员在测量雨量

▲ 20 世纪 80 年代，富源站观测员在记录

▲ 20 世纪 90 年代，太华山站进行积雪观测

▲ 1989 年，西双版纳州气象局开展集体观测

▶ **高空探测**

▲ 20 世纪 50 年代，昆明站进行经纬仪
测风

▲ 20 世纪 70 年代，昆明站二次测风
雷达

▲ 20 世纪 90 年代，昆明站施放探空
气球

▶ 自动化观测

　　2002 年开始地面气象观测现代化建设，综合气象观测逐步向自动化、现代化方向发展。对观测方法、仪器设备、场室建设、运行管理、人才培养等都带来了质的变化和飞跃。2020 年 4 月 1 日，云南地面气象观测全面实现自动化。

▲ 标准化的广南国家基本气象站观测场

▲ 标准化的维西国家基本气象站观测场

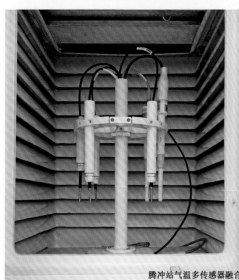

腾冲站气温多传感器融合

▲ 地面气象观测场布设的部分自动观测设备

▲ 自动雨量筒

▲ 自动气象站主采集器

▲ 天气现象观测仪

▲ 辐射观测系统

▶ 观测值班

▲ 昆明市禄劝县气象局观测业务值班

▲ 保山市隆阳区气象局观测业务值班

▲ 昆明市石林县气象局观测业务值班

▶ 云南省气象部门艰苦台站分布表（2019 年）

单位	一类	二类	三类	四类	五类	六类	合计
昆明				雷达站	太华山		2
昭通			雷达站	巧家	镇雄、盐津、绥江	威信、大关、永善、彝良	9
曲靖					罗平	富源	2
文山				雷达站	麻栗坡	富宁、马关、西畴	5
红河				元阳	河口、金平、屏边、绿春、红河		6
西双版纳					勐腊	勐海、热作站（景洪）	3
玉溪					元江		1
普洱			西盟	江城、镇沅、雷达站	澜沧、孟连、景谷、景东、宁洱		9
临沧			沧源、镇康、孟定		云县	永德、凤庆、双江、耿马	8
德宏			雷达站		陇川、盈江		3
保山						龙陵	1
迪庆	大气本底站	德钦、香格里拉	维西				4
丽江		雷达站	宁蒗	玉龙	永胜、华坪		5
大理		雷达站		云龙	南涧、漾濞、剑川	洱源	6
楚雄					元谋		1
怒江			贡山、兰坪	福贡、泸水	怒江		5
合计	1	4	10	11	28	16	70

▶ 太华山气象站

　　云南第一个气象站，源于 1927 年私立一得测候所，始于 1936 年省立昆明测候所，1938 年 5 月正式观测。国家基准气候站，观测场海拔高度为 2358.3 米，五类艰苦台站，2018 年被中国气象局认定为中国百年气象站。

▲ 1936 年，省立昆明测候所

▲ 云南气象先驱：陈一得先生

▲ 20 世纪 80 年代，太华山气象站远眺

▲ 2000 年，太华山气象站俯瞰

▲ 2006 年，太华山气象站观测场

▲ 2019 年，太华山气象站观测场

▲ 2014 年，中国工程院院士丁一汇（左二）参观云南气象博物馆

▲ 20 世纪 50 年代以来曾经在太华山站工作过的部分气象工作者合影留念

▲ 2019 年，太华山站业务值班平台

▶ 腾冲国家基准气候站

云南观测业务最全的气象站，源于 1911 年腾越海关测候所，始于 1950 年 12 月，1955 年 11 月开始探空观测，1987 年升级为国家基准气候站，2005 年被世界气象组织认定为 GCOS 地面站，2018 年被中国气象局认定为中国百年气象站（七十五年站）。

▲ 20 世纪 50 年代的观测值班工作室

▲ 20 世纪 60 年代的观测场及值班室

▲ 20 世纪 70 年代的观测场及值班室

▲ 2003 年的地面观测场及值班楼

▲ 2019 年，腾冲站地面观测场

▲ 20 世纪 50 年代，腾冲站的探空雷达（苏联造马拉赫雷达）

▲ 20 世纪 70 年代，腾冲站的 59-701 探空雷达

▲ 2017 年，腾冲站 L 波段探空雷达

▲ 1965 年，腾冲气象服务站全体职工合影

▲ 腾冲市气象局业务办公楼

▲ 腾冲气象科普馆部分展品

▶ 大理国家气候观象台

全国最早建立的国家气候观象台，源于 1939 年 12 月大理测候所，始于 1950 年 11 月大理气象站，2006 年 5 月成立大理国家气候观象台，为全国首批 5 个试点观象台之一。

▲ 2003 年，大理气象站

▲ 2010 年，大理观象台全景远眺

▲ 2019 年，大理观象台地面观测场

▲ 大理国家气候观象台观测布局

大理国家气候观象台采用"一台多点"的布局，先后建成了 12 套长期运行的特种大气观测系统，组成了一个在复杂地形环境下的区域气象综合观测体系，覆盖了从地面、水面到高空大气多种物理参数的立体监测。

▲ 洱海水上观测系统

▲ 大理国家气候观象台业务科研楼

▶ 香格里拉国家大气本底站

西南地区唯一的大气本底站，始于 2004 年，一类艰苦台站。

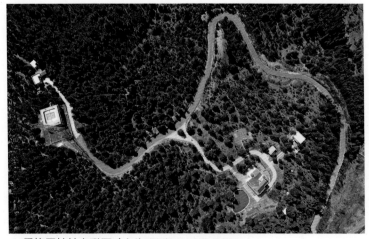

▲ 香格里拉站鸟瞰图（左为观测区，右为生活区）

▲ 地面气象观测站

▲ 香格里拉站观测仪器房

▲ 香格里拉站积雪覆盖的情景

▲ 香格里拉站观测设备（部分）

▶ 德钦国家基本气象站

云南海拔最高的气象站，海拔高度为 3319 米，二类艰苦台站。

▲ 20 世纪 70 年代，德钦站（谷松喇嘛寺）观测场

▲ 1966 年 1 月，释放了德钦第一个探空气球

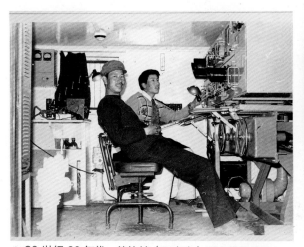

▲ 20 世纪 80 年代，德钦站（飞来寺）701 雷达值班

▲ 1994 年，搬迁后的德钦站（升平镇大营房）

▲ 2010 年，梅里雪山自动站（飞来寺原址）

▲ 2018 年，德钦站鸟瞰（升平镇大营房）

▲ 德钦站的观测业务与预报服务平台

▶ 河口国家气象观测站

云南海拔最低的气象站，始于 1953 年 7 月，海拔高度为 137.8 米。

▲ 2010 年，河口县气象局业务办公楼

▲ 1984 年，河口站职工合影

▲ 2019 年，河口县气象局气象预报服务平台

▶ 雷达组网

全省有 11 部国家天气雷达（C 波段）组网运行。另有怒江、迪庆雷达正在建设之中。

▲ 德宏国家天气雷达站

▲ 2001 年，昆明国家天气雷达站由太华山迁至昆明棋盘山顶

▲ 昭通国家天气雷达站

▲ 大理国家天气雷达站

▲ 曲靖国家天气雷达站

▲ 临沧国家天气雷达站

▲ 丽江国家天气雷达站

▲ 普洱国家天气雷达站

▲ 文山国家天气雷达站

▲ 西双版纳国家天气雷达站

▲ 曲靖天气雷达发射机柜与接收机柜

▲ 昆明国家天气雷达站（棋盘山）鸟瞰

▲ 1990 年，太华山 713 天气雷达

▲ 2013 年，西双版纳 713 天气雷达

▲ 2018 年，孟连 X 波段天气雷达站

▲ 2018 年，景东 X 波段天气雷达站

▲ 剑川 TWR-01C 型车载天气雷达

▲ 2012 年，保山 X 波段多普勒移动雷达

▶ **卫星遥感监测**

▲ 风云四号气象卫星省级地面接收站（昆明呈贡）

▲ 风云四号卫星第五测距副站（保山腾冲）

▲ 风云三号气象卫星省级地面接收站（大理祥云）

▶ 高山无人自动站

沿横断山、哀牢山、高黎贡山、无量山、乌蒙山等布点 16 个高山站。

▲ 昭通大山包站

▲ 丽江牦牛坪站

◀ 普洱千家寨站

▲ 保山高黎贡山站

▲ 大理苍山站

▶ 各类农业气象监测站

▲ 魔芋气象监测站

▲ 淡水渔业气象监测站

▲ 蚕豆气象监测站

▲ 苹果气象监测站

▲ 玉米气象监测站

▲ 马铃薯气象监测站

▲ 香蕉气象监测站

▲ 便携式农业气象监测站

▶ 气象观测队伍

▲ 20 世纪 70 年代，德钦站地面气象观测员

▲ 20 世纪 80 年代，腾冲站观测员在观测记录

▲ 1988 年，贡山站独龙族气象观测员

▲ 1997 年，临沧站农气人员在观测水稻

▲ 1987 年，文山站夜间气象观测

▲ 2019 年，楚雄站观测员在观测

▲ 2019 年，石林站彝族气象观测员

▲ 2019 年，景洪站傣族气象观测员

▲ 2019 年，元江站多民族观测员

▲ 2019 年，澜沧站拉祜族观测员

▶ 装备保障队伍

▲ 保障人员正在维修观测设备

▲ 保障人员正在维修观测设备

▲ 保障人员在检修应急观测设备

▲ 风向风速仪校准维护

▲ 自动站设备清洗维护

▲ 天气雷达故障诊断维修

▲ 自动站风杆维护安装

预报预测业务

　　20 世纪 50—70 年代，云南气象预报预测以传统经验和统计方法为主；80 年代，预报业务现代化开始起步，随着气象综合探测手段和计算机技术的进步和发展，气象预报预测业务现代化建设逐步迈上新台阶。2010年以来，无缝隙、精细化、网格化预报预测产品体系建设持续推进，2019 年，全省无缝隙智能网格预报"一张网"业务体系基本形成。关键支撑技术研发取得明显进展，核心业务平台建设稳步推进，全省气象部门预报预测水平逐年提高。

▶ 早期预报工作场景

▲ 20 世纪 70—80 年代，手工译报填写天气图

▲ 20 世纪 70—80 年代，人工分析天气图

▲ 20 世纪 90 年代，电脑自动填天气图

▲ 20 世纪 80 年代，基层台站天气会商

▲ 20 世纪 80 年代，德宏州气象台预报会商

▲ 20 世纪 90 年代，普洱市气象台进行天气会商

▲ 2001 年，云南省气象台预报会商

▶ 预报视频会商系统

▲ 20 世纪 90 年代，楚雄州气象台进行天气会商

▲ 2004 年，省—市—县预报视频会商系统

▲ 2015 年，建成全省高清远程视频会商系统

▲ 2019 年，云南省天气预报会商

▶ 预报预警业务平台

▲ 2018 年，楚雄州气象局预报会商室

▲ 2019 年，云南省气象台预报业务操作平台

▲ 2019 年，云南省气候中心短期气候预测会商

▲ 2019 年，宜良县气象局综合业务平台

▲ 2019 年，云南电视天气预报制作系统

▲ 云南省冰冻天气和电线覆冰预报预估业务系统

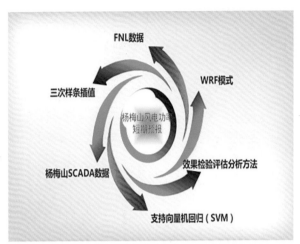

▲ 复杂山地风功率预测技术（杨梅山风电场）

▲ 亚洲热带季风历史资料查询系统

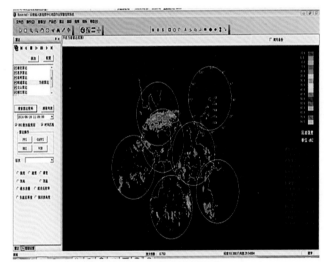

▲ 云南省人工影响天气作业预警指挥系统

▲ 云南省雷电客观自动预警系统

气象信息系统

　　云南气象通信经历了手工莫尔斯收发报、有（无）线电传自动传报、气象图文传真、计算机程控联网和卫星通信等多个时期，以高速宽带网络为主的计算机互联信息化时期等发展阶段。功能上由单一的报文传输，发展到报话复用电路、数字电路程控联网、高速宽带计算机互联网络，并向数据、图像、视频综合传输方向发展。

▶ 早期传真通信

▲ 1959 年，思茅气象中心站莫尔斯抄报

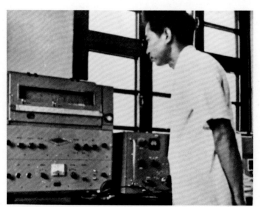

▲ 20 世纪 70 年代，德宏州气象台无线收报

▲ 20 世纪 70 年代，德宏州气象台抄报

▲ 20 世纪 80 年代，气象台站的传真机天线

▲ 20 世纪 80 年代，大理州气象台单边带
接收机和电传机

▲ 20 世纪 80 年代，云南省气象台传真天气图发片

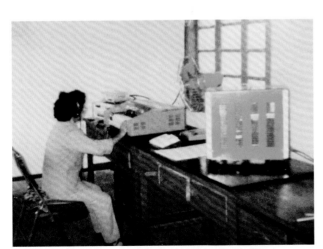

▲ 20 世纪 80 年代，大理气象站接收传真天气图

▲ 20 世纪 80 年代，云南省气象台自动转报系统

▶ 通信系统

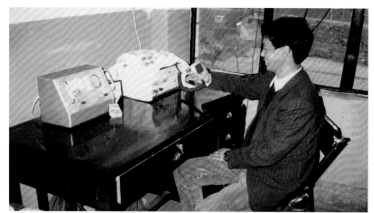

▲ 1986 年 9 月，省一地甚高频电台辅助气象通信网

▲ 20 世纪 80 年代，甚高频终端控制台

▲ 1994 年，云南省气象台通信机房

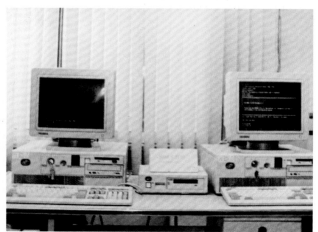

▲ 20 世纪 90 年代，用于信息处理的 IBM RS6000 小型机（AIX）

▲ 2012 年，云南省气象宽带网络升级建设及业务切换培训

▶ 云南气象大数据中心

▲ 云南气象大数据中心运维值班平台

气象科技篇

新中国成立后，云南省气象部门坚持立足实际和发展需求相结合，加强科技研发和科技合作，加大投入力度，加强科技队伍建设，形成一批省级创新团队；以低纬高原高影响天气气候形成机理、高分辨率数值模式产品评估检验释用、智能网格预报、高原特色农业等为重点，推进气象科技研发和成果转化；拓展合作交流，通过选派访问学者、项目合作等途径，与国内气象机构和大学形成良好互动，促进科技进步；创新气象科普内容和形式，联合相关部门，提高气象科普知识普及率。

科技发展

云南省气象部门自 1978 年改革开放以来，立足云南经济社会发展和气象业务需求，加强科技研发和科技合作，积极打造具有低纬高原特色的气象创新团队，推进体制机制创新，不断提高气象科技创新能力，气象科技工作取得了长足进步和发展。

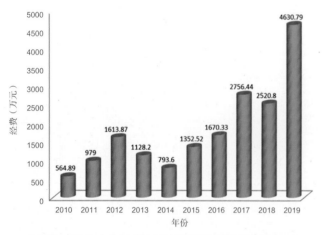

▲ 2010—2019 年云南省气象部门科研项目经费投入

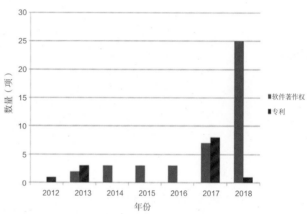

▲ 2012—2018 年云南省气象部门取得软件著作权和专利数量

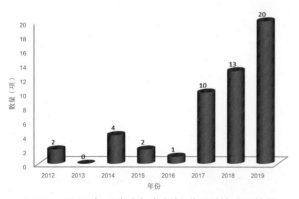

▲ 2012—2019 年云南省气象部门登记科技成果数量

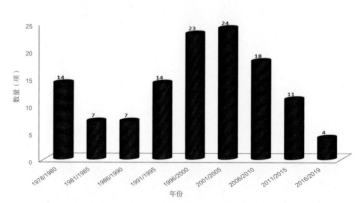

▲ 1978—2019 年云南省气象部门获得省部级以上科技进步奖数量

▶ 科考活动

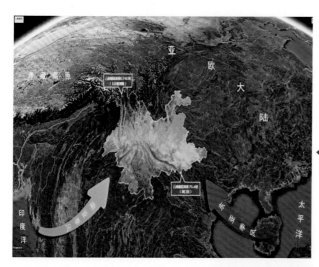

◀ 南亚季风和东亚季风交叉影响云南示意图

1985 年，师罗河谷山区气候资源考察 ▶
（师宗－罗平）

▲ 1988 年，哀牢山气候考察剖面气象观测（新平水塘）

▲ 2011 年，第三次青藏高原科学试验（云南贡山）

▶ 科学试验基地

　　大理观象台从 2006 年启动试点建设，是全国首批 5 个试点观象台之一。2018 年 1 月，大理观象台成功申报中国气象局大理山地气象野外科学试验基地，成为中国气象局首批 21 个野外科学试验基地之一。2019 年 1 月，列入中国气象局 24 个国家气候观象台名单。2019 年 3 月，成功申报大理国家综合气象观测专项试验外场，成为中国气象局 25 个综合气象观测试验基地之一。大理观象台经过 10 多年的持续建设，取得了丰硕成果，为研究型业务试验基地建设打下了坚实基础。

▲ 大理国家气候观象台远眺

▲ 2018 年，中国工程院院士徐祥德（左二）向大理观象台
授予"中国气象局大理山地气象野外科学试验基地"标牌

▲ 灾害天气国家重点实验室大理大气科学联合试验基地

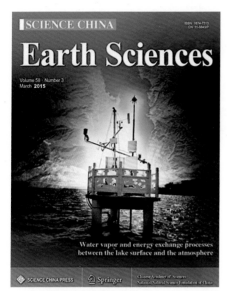

▲ "洱海水上观测系统"登上 2015 年第 3 期《中国科学·地球科学》（英文）封面

▲ "苍山—洱海剖面观测系统"登上 2017 年第 5 期《气象科技进展》封面

▲《大理国家气候观象台科研论文汇编》2016 年在气象出版社出版

▲ 无人机在大理观象台进行山地气象探测试验

▲ 2018 年，中国工程院院士徐祥德（前排左二）、院士宋君强（右三）考察大理观象台

▲ 芬兰赫尔辛基大学教授 Anne Ojala（右一）参观大理观象台

▲ 2009 年，JICA 项目日方首席科学家小池俊雄教授等参观大理观象台

▲ 德国林登伯格观象台台长 Franz H Berger（左一）参观考察大理观象台

▲ 英国剑桥大学教授 Hans F Graf 在大理观象台作学术报告

▲ 中国工程院院士黄其励团队考察大理观象台

▶ 科技合作交流

▲ 1978 年，青藏高原气象科研拉萨会战组在西双版纳合影

◀ 1987 年，中美季风讨论会在昆明召开

2000 年，第二次青藏高原大 ▶
气科学试验国际学术研讨会
在昆明召开

◀ 2005 年 12 月，中日气象灾害合作研究中
心项目现场考察与研讨会在大理举行

2017 年，世界气象组织主席戴维·格莱姆斯▶
访问云南省气象局

◀1988 年，尼日尔气象局局长访问玉溪地区
气象局

▲ 2003 年，越南自然资源环境部代表团访问云南省气象局

▲ 2012 年，泰国清迈大学和泰国北方气象中心专家在云南省
气象局交流

▲ 1991年，云南省气象局代表团访问泰国农业部雨水研究所

▲ 1999年，云南省气象局代表团访问美国国家海洋和大气管理局科学中心

▲ 1996年，美国气象专家瑞特教授参观云南省气象台

▲ 1992年，云南省气象局专家赴泰国皇家气象厅交流

▲ 2012年8月14—17日，第一届东南亚天气与气候国际学术研讨会在楚雄召开

▲ 2012年，泰国朱拉隆功大学和泰国皇家气象厅专家考察云南省气象台

▲ 2010 年 12 月，赴老挝气象水文局考察访问

▲ 2010 年 12 月，赴缅甸气象水文局考察访问

▲ 2019 年，云南省气象局成功举办面向南亚东南亚国家的"气象灾害预报与风险管理技术培训班"

▶ 科技成果与奖励

▲ 云南省"八·五"科技攻关课题"云南灾害性天气预测预报的研究"验收、鉴定会

▲ "八五"项目获 1997 年云南省科学技术进步三等奖

▲ "九五"项目"云南短期气候预测系统的研究"中期评估

▲ "十五"项目"滇中中尺度灾害性天气监测预警系统科学试验及应用研究"项目验收会

▲ "十一五"项目"云南重大气候灾害形成机理研究"获2010年云南省科学技术奖励三等奖

▲ 《云南省重大气候灾害特征和成因分析》

▲ "十二五"项目"未来10至30天云南省灾害性天气预报应用技术研究及示范"验收,获2015年云南省科学技术奖励二等奖

▲ 昆明准静止锋示意图

▲《云南未来 10 ~ 30 年气候
变化预估及其影响评估报告》

▲ "红河河谷横断剖面气候考察"获 1978 年全国科学大会奖

▲ "云南省滑坡泥石流灾害区划与中长期趋势分析研究"获
2003 年云南省科学技术奖励一等奖

▲ "哀牢山气候考察及气候资源合理利用研究"获 1998 年
云南省科学技术进步二等奖

▶ 学术成果

新中国成立 70 年来,云南省气象部门共编撰出版学术专著和气候图集 80 余部。

▲《云南气象》期刊创刊于 1981 年,截至 2019 年已出版 162 期

▲ 学报级刊物《低纬高原天气》
出刊 8 卷（1988—1995 年）

▲《云南气象文选（1949—1979）》

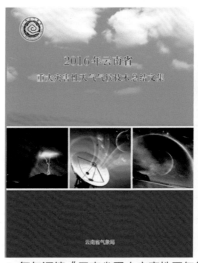

▲ 每年汇编《云南省重大灾害性天气气候技术总结文集》和《云南省气象监测与信息网络技术总结文集》

▲《全国热带夏季风学术会议文集》（1982年）

▲《低纬高原天气气候》（1997年）

▲《云南气象灾害总论》（2000年）

▲《烤烟气象》（2001年）

▲《云南山地气候》（2006年）

▲《云南省天气预报员手册》（2011年）

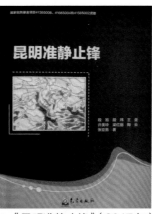

▲《昆明准静止锋》（2017年）

▲《云南气象研究概览》（2018年）

人才队伍

　　70 年来，云南省气象局始终高度重视人才工作，加强队伍建设，实施人才工程，组建省级创新团队，建立健全人才制度，加强人才培训，不断完善人才培养体系。全省气象人才队伍整体素质不断提高，专业结构不断优化，知识层次明显改善，造就了一支结构合理、素质较高的基本适应气象事业发展的人才队伍。

　　良好的业务科研环境，多方面的持续支持，推动云南气象人才队伍不断加强。截至 2019 年，全省在职在编干部职工 2081 人，其中参照公务员管理人员 777 人，事业人员 1304 人。博士 9 人，硕士 198 人，学士 898 人。大学本科以上学历人员占职工总数的 82.2%。有 8 人获国务院政府特殊津贴，3 人获省有突出贡献专业技术人才，7 人获省政府特殊津贴，1 人获省中青年学术和技术带头人，1 人获省中青年学术和技术带头人后备人才。全省有在职正高级工程师 30 人，副高级工程师 300 人，具有中级以上职称人数占职工总数的 57.9%。全省有 2 名国家级首席气象专家、35 名省级首席预报员和首席服务专家。

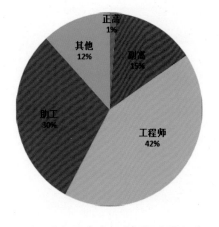

▲ 2019 年云南省气象部门人员职称构成比例

▲《云南省气象局高层次人才重点培养计划》

黄玉生	王裁云	王宇	卜福久	霍义强	王恒康	琚建华	李敏	朱勇	肖子牛
段旭	张万诚	解明恩	晏红明	刘瑜	许美玲	张腾飞	顾万龙	彭贵芬	秦剑
徐八林	黄中艳	尤红	普贵明	孙绩华	陶云	王学锋	黄玮	郑建萌	梁红丽
王鹏云	程建刚	李华宏	鲁亚斌	张杰	段玮	陈艳	杨素雨	张秀年	胡雪琼
段长春	王曼	尹丽云							

▲ 云南省气象局正高级专业技术职称专家名录（截至 2019 年，按取得任职资格时间先后顺序排列）

▶ 人才培养

◀ 1962 年，云南省气象学校气象首期毕业全体师生合影

1982 年，云南省气象学校八二届毕业合影 ▶

▲ 1992 年，云南省气象学校八八级（最后一届）毕业合影

▲ 2004 年，云南省气象局委托云南大学培养的云南大学资环学院 2002 级气象专业研究生进修班（首届）毕业留影

▲ 2008 年，云南省气象局与北京大学局校合作学生实习与实践基地建设签字揭牌仪式

▲ 2010 年，云南省气象局与南京信息工程大学局校合作签字仪式

▲ 2015 年，云南省气象局与云南大学合作协议签署仪式

▲ 2019 年，云南省气象局与成都信息工程大学战略合作协议签字仪式

▲ 2007 年，云南气象观测员杨银（前排左四）参加首届全国气象行业地面气象测报技能竞赛，获得一个单项第一，全能第十二名好成绩

▲ 2013 年，云南省气象局代表队第四届全国气象行业天气预报职业技能竞赛获团体第四名

▲ 2016 年，云南省气象局代表队第十一届全国气象行业职业技能竞赛获团体第二名

2017 年，云南省气象局代表队第六届全 ▶国气象行业天气预报职业技能竞赛获团体第八名

▶ 创新团队建设

云南省气象局先后与国家气象中心（中央气象台）、国家气候中心、上海市气象局、云南大学等单位签署了科研业务交流和人才培养合作协议，组建了 5 支研究型业务创新团队和 6 支青年科技创新团队。

团队名称	成立时间
普洱茶气象服务	2014 年 8 月
甘蔗气象服务	2014 年 8 月
云南强对流天气预报方法研究	2017 年 12 月
智能网格化预报技术研究与应用	2017 年 12 月
高分辨率数值模式的检验评估	2020 年 6 月
云南追花气象服务产品及景区安全管理产品研究	2020 年 6 月

▲ 云南省气象局青年科技创新团队

团队名称	成立时间
短临预报技术研究型业务	2017 年 9 月
高原特色农业气象研究型业务	2017 年 9 月
中尺度数值模式应用研究型业务	2017 年 9 月
省级信息业务能力提升研究型业务	2017 年 9 月
山洪地质灾害风险预警技术研究型业务	2017 年 9 月

▲ 云南省气象局研究型业务创新团队

云南省气象局文件

云气发〔2016〕211 号

云南省气象局关于印发《云南省气象局研究型业务创新团队建设与管理办法》的通知

各州、市气象局，各直属单位，各内设机构：

为贯彻落实《云南省气象局高层次人才重点培养计划（2016—2020》精神，省局制定了《云南省气象局研究型业务创新团队建设与管理办法》，现印发给你们，请遵照执行。

▲《研究型业务创新团队建设与管理办法》

▶ 学术交流

▲ 1986 年，全省首届青年气象科技工作者学术交流会合影

▲ 1986 年，云南省首届青年气象科技工作者学术交流会现场

◀1988 年，云南省第二届青年气象学术交流会合影

1996 年，中国工程院院士李泽椿（右三）▶
在德宏州气象台进行预报交流指导

◀2000 年，中国工程院院士陈联寿（中）到云南省气象台交流指导

▲ 2010 年，云南省基层台站大气探测资料应用分析科研队伍培训交流会代表合影

2011 年，"云南气象大讲坛" ▶
琚建华教授作首场报告

◀2011 年，中国科学院院士曾庆存（右一）到云南交流指导并为云南省气象台题词

▲ 2013 年，云南省气象局首席预报员
梁红丽到中央气象台交流

▲ 2017 年，中国科学院大气物理研究所专家在昆明进行学术交流

▲ 2017 年，中国香港天文台专家在云南省气象台交流

▲ 2018 年，中国科学院院士李崇银在普洱进行学术讲座

2018 年，云南省气象学术年会在▶
玉溪召开

气象科学普及

　　70 年来，云南省气象科普设施不断健全完善，打造了云南气象博物馆、腾冲气象科普馆等一批精品气象科普馆。校园气象科普不断深入，气象科普不断向基层延伸，通过开展形式多样、内容丰富的活动，推动气象科普事业蓬勃发展。

▲ 1986 年，全国青少年气象夏令营在昆明举行

▲ 1990 年，云南省气象局举办气象科普知识竞赛

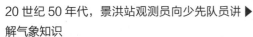

20 世纪 50 年代，景洪站观测员向少先队员讲 ▶ 解气象知识

▲ 2001 年，中学生聆听云南省气象台预报专家讲解

▲ 2013 年，文山站观测员向学生讲解地温观测

2018 年，云南省第四届科普讲解▶
大赛气象主播江慧敏获第一名

▲ 2019 年，全国气象科普讲解大赛云南气象主播韩文斐获第一名

▲ 2019 年，全国科普讲解大赛云南气象主播韩文斐获二等奖

▲ 2019 年，云南省气象局参加全国科技周活动

▶ 气象科普教育基地

▲ 云南气象博物馆（一得测候所）

▲ 腾冲市气象局气象科普馆

▲ 大理国家气候观象台气象科普馆

▲ 昆明国家基准气候站气象科普馆

▲ 德宏州气象科普教育基地

▲ 富源县气象局科普教育基地

▲ 云南师范大学实验中学校园示范气象站

▲ 蒙自市银河小学校园示范气象站

▶ 气象科普和科技下乡

▲ 2016年5月13日，云南省气象局和中国气象局气象宣传与科普中心、玉溪市人民政府共同承办了"气象科技下乡·云南玉溪"
活动

全省气象部门每年围绕"3·23"世界气象日、"5·12"防灾减灾日、全国科技周等主题日，通过气象开放日、各类科普竞赛、科技展览、气象科普进校园等形式多样的气象科普宣传活动，打造气象科普品牌。

▲ 云南省气象台预报员讲解气象科普知识

▲ 开展农村防雷科普知识宣传

◀ 世界气象日对公众免费开放

小朋友对气象模型很好奇 ▶

气象主持人进校园为学生讲解▶
气象科普

◀2016 年，中央气象台首席张涛为云
南师范大学实验中学授课

▲ 2019 年，云南省气象局气象专家解明恩在昆明科普大讲坛
作报告

▲ 2011 年，景洪市基诺族小学举行"气象防灾减灾科普示
范学校"授予仪式

▶ 气象科普产品

近年来,云南气象部门组织开发的气象科普产品琳琅满目。

▲《气象知识》（云南专刊）
（1999 年第 3 期）

▲《气象知识》（世博会专刊）
（1999 年）

▲《云南气候风光》（2002 年）

▲《云南气象与防灾减灾》
（2009 年）

▲《气象景观与云南特色旅游策划》
（2011 年）

▲《云南气象防灾减灾手册》
（2015 年）

▲《云南雷电科普知识大全》
（2017 年）

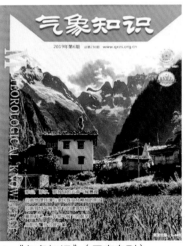

▲《气象知识》（云南专刊）
（2019 年第 6 期）

气象管理篇

　　在大力推进气象现代化建设，提升气象业务服务能力的同时，云南省气象部门全面加强体制改革、队伍建设、法治建设等各项管理工作。70年来，几经探索，云南省气象部门管理体制不断优化，财政保障机制进一步完善，人才队伍不断壮大，依法行政不断取得新进展，管理工作逐步向科学、规范、精细发展，为云南气象事业发展提供了坚强保障。

管理体制机制

从军队系统建制到转入政府系统，几经曲折，再到实行双重领导管理、双重计划财务体制，随着气象事业发展，全省各级气象机构经历多次调整，管理体制和事业结构适应不同时期国情更趋合理和优化。

云南省气象局主要职责

云南省气象局隶属于中国气象局，实行气象部门与地方人民政府双重领导，以气象部门领导为主的管理体制。根据授权承担本行政区域内气象工作的政府行政管理职能，依法履行气象主管机构的各项职责，机构规格为厅级。

根据《中华人民共和国气象法》和中央机构编制委员会印发的《地方国家气象系统机构改革方案》的有关规定，云南省气象局主要职责是：

一、制定地方气象事业发展规划、计划，并负责本行政区域内气象事业发展规划、计划及气象业务建设的组织实施；负责本行政区域内重要气象设施建设项目的审查；对本行政区域内的气象活动进行指导、监督和行业管理。

二、按照职责权限审批气象台站调整计划；组织管理本行政区域内气象探测资料的汇总、分发；依法保护气象探测环境；管理本行政区域内涉外气象活动。

三、在本行政区域内组织对重大灾害性天气跨地区、跨部门的联合监测、预报工作，及时提出气象灾害防御措施，并对重大气象灾害做出评估，为本级人民政府组织防御气象灾害提供决策依据，管理本行政区域内公众气象预报、灾害性天气警报以及农业气象预报、城市环境气象预报、火险气象等级预报等专业气象预报的发布。

四、制定人工影响天气作业方案，并在本级人民政府的领导和协调下，管理、指导和组织实施人工影响天气作业；组织管理雷电灾害防御工作，会同有关部门指导对可能遭受袭击的建筑物、构筑物和其他设施安装的雷电灾害防护装置的检测工作。

五、负责向本级人民政府和同级有关部门提出利用、保护气候资源和推广应用气候资源区划等成果的建议；组织对气候资源开发利用项目进行气候可行性论证。

六、组织开展气象法制宣传教育，负责监督有关气象法规的实施，对违反《中华人民共和国气象法》有关规定的行为依法进行处罚，承担有关行政复议和行政诉讼。

七、统一领导和管理本行政区气象部门的计划财务、机构编制、人事劳动、科研和培训以及业务建设等工作；会同州（市）人民政府对州（市）气象机构实施以部门为主的双重管理；协助地方党委和人民政府做好当地气象部门的精神文明建设和思想政治工作。

八、承担中国气象局和省级人民政府交办的其他事项。

　　1950 年 3 月至 1953 年 10 月，云南省气象台站属军队建制。1953 年 8 月 1 日，由毛泽东主席、周恩来总理联合签署中央军委与政务院的命令《关于各级气象机构转移建制领导关系的决定》，原属云南省军区建制的气象科从 1953 年 11 月起改隶于云南省人民政府。1954 年 10 月，云南省气象局成立。1950 年云南和平解放时共有 9 个测候所 39 人，到 2019 年，共有 126 个气象台站 2081 人。

▲ 1950 年 7 月 7 日，昆明空军司令部气象队全体工作人员合影

▲ 1952 年，思茅气象站全体工作人员合影

▲ 1954 年，云南省人民政府气象科全体工作人员合影

▲ 1954 年，思茅气象站全体转建合影

1955 年，云南省气象局▶
全体职工合影

云南省气象局历届主要负责人一览表

主要负责人	职务	任职时间
秦新法	局长	1954 年 10 月—1966 年 3 月
李 甦	政委（军）	1971 年 1 月—1973 年 4 月
赖抡珠	局长	1973 年 4 月—1981 年 7 月
秦新法	局长	1981 年 7 月—1983 年 7 月
朱云鹤	局长	1983 年 7 月—1994 年 12 月
刘建华	局长	1994 年 12 月—2005 年 12 月
程建刚	副局长（主持工作）	2005 年 12 月—2008 年 2 月
丁凤育	局长	2008 年 2 月—2013 年 7 月
程建刚	局长	2013 年 7 月—2020 年 11 月

注：1966 年 3 月—1971 年 1 月，云南省气象局与云南省农业厅合并

云南省州（市）级、县（市、区）级气象机构设置表（国编）

州（市）级气象局	县（市、区）级气象局
昆明市	官渡区、西山区、东川区、安宁市、呈贡区、晋宁区、富民县、宜良县、嵩明县、石林县、禄劝县、寻甸县
曲靖市	麒麟区、宣威市、马龙区、沾益区、富源县、罗平县、师宗县、陆良县、会泽县
玉溪市	红塔区、江川区、澄江市、通海县、华宁县、易门县、峨山县、新平县、元江县
保山市	隆阳区、施甸县、腾冲市、龙陵县、昌宁县
昭通市	昭阳区、鲁甸县、巧家县、盐津县、大关县、永善县、绥江县、镇雄县、彝良县、威信县
丽江市	永胜县、华坪县、玉龙县、宁蒗县
普洱市	思茅区、宁洱县、墨江县、景东县、景谷县、镇沅县、江城县、孟连县、澜沧县、西盟县
临沧市	临翔区、凤庆县、云县、永德县、镇康县、双江县、耿马县、沧源县
德宏傣族景颇族自治州	芒市、瑞丽市、梁河县、盈江县、陇川县
大理白族自治州	大理市、祥云县、宾川县、弥渡县、永平县、云龙县、洱源县、剑川县、鹤庆县、漾濞县、南涧县、巍山县
迪庆藏族自治州	香格里拉市、德钦县、维西县
怒江傈僳族自治州	泸水市、福贡县、贡山县、兰坪县
楚雄彝族自治州	楚雄市、双柏县、牟定县、南华县、姚安县、大姚县、永仁县、元谋县、武定县、禄丰县
红河哈尼族彝族自治州	蒙自市、个旧市、开远市、绿春县、建水县、石屏县、弥勒市、泸西县、元阳县、红河县、金平县、河口县、屏边县
文山壮族苗族自治州	文山市、砚山县、西畴县、麻栗坡县、马关县、丘北县、广南县、富宁县
西双版纳傣族自治州	景洪市、勐海县、勐腊县

其他独立设置的县级气象机构

昆明太华山气象站、昭通农业气象试验站、丽江天气雷达站、普洱天气雷达站、德宏天气雷达站、香格里拉区域大气本底站（副处级）、文山天气雷达站、昭通天气雷达站、昆明天气雷达站、大理天气雷达站

▲ 1956 年，云南省个旧气象台工作人员

▲ 1958 年，澄江县气象站边建站边生产

▲ 1958 年，大理州气象工作会议代表

▲ 1957 年，但起焜等跋涉碧罗雪山建设贡山站

▲ 1961 年，德宏气象观测站

1965 年，马驮人抬解决太华山站用水难题▶

◀ 1972 年，德宏气象中心站职工合影

1987 年，云南省气象局▶
多民族气象科技队伍

▲ 2008 年，云南省气象部门少数民族干部（丽江）培训班

▲ 2018 年，瑞丽边境气象台站业务人员

2019 年，沧源佤族气象工作▶
人员合影

▲ 2019 年，大理气候观象台全体职工合影

▲ 2019 年，澜沧县气象局干部职工合影

依据 1992 年《国务院关于进一步加强气象工作的通知》及 2000 年实施的《中华人民共和国气象法》，全省各级政府加强对气象工作的领导和协调，把气象工作列入当地国民经济发展计划和财政预算，进一步完善了双重管理体制。同时，逐步理顺机关和事业单位的关系，全省气象部门逐步形成以气象行政管理、基本气象系统、气象科技服务"三大块"的新型事业结构。

▲ 1988 年，全省气象处长会议

▲ 2000 年，全省气象工作会议

▲ 2019 年，全省气象局长会议

编号 0002488

云南省人民政府文件

云政发〔1992〕151 号

云南省人民政府转发国务院
关于进一步加强气象工作通知的通知

各州、市、县人民政府,各地区行政公署,省直有关厅、局、委、办:

现将《国务院关于进一步加强气象工作的通知》(即国发〔1992〕25 号文件,以下简称《通知》)转发给你们,望认真宣

云南省人民政府文件

云政发〔2010〕67 号

云南省人民政府关于进一步
加强气象防灾减灾能力建设的意见

各州、市人民政府,省直各委、办、厅、局:

当前极端灾害性天气频发,进一步加强云南气象防灾减灾,直接涉及人民生命财产安全,保持社会和谐稳定,特就此提出如下意见。

一、加强云南气象防灾减灾能力建设的重要意义

(一)加强气象防灾减灾能力建设,是应对气候变化的必然要求。气象灾害是以生命的自然现象,是保持社会生产秩序、保持社会和谐等方面的重要资源。

— 1 —

云南省人民政府文件

云政发〔2014〕43 号

云南省人民政府关于全面推进气象现代化
加强气象防灾减灾体系建设的意见

各州、市人民政府,滇中产业新区管委会,省直各委、办、厅、局:

气象事业是科技型、基础性的社会公益事业,全面推进气象现代化、加强气象防灾减灾体系建设,是积极适应气候变化和大力建设生态文明的必然要求,是保护人民群众生命财产安全和促进社会和谐稳定的重大举措。我省是全国自然灾害最严重的省份

▲ 云南省人民政府文件

云南省人民政府出台的支持气象事业发展的重要文件（部分）

1. 云南省人民政府转发《国务院关于进一步加强气象工作通知》的通知（云政发〔1992〕151 号）

2. 云南省人民政府办公厅转发《国务院办公厅关于加快发展地方气象事业意见文件的通知》（云政办发〔1998〕52 号）

3. 云南省人民政府办公厅转发国务院办公厅关于加强人工影响天气工作文件的通知（云政办发〔2005〕109 号）

4. 云南省人民政府贯彻国务院关于加快气象事业发展的若干意见的实施意见（云政发〔2006〕128 号）

5. 云南省人民政府关于进一步加强气象防灾减灾能力建设的意见（云政发〔2010〕67 号）

6. 云南省人民政府关于全面推进气象现代化 加强气象防灾减灾体系建设的意见（云政发〔2014〕43 号）

▶ 合作共建

◀ 2013 年，云南省气象局与昆明市人民
　政府签订合作协议

▲ 2014 年，云南省气象局与大理州人民政府签订合作协议

▲ 2014 年，云南省气象局与云南省农业厅签订合作协议

▲ 2014 年，云南省气象局与云南省林业厅签订合作协议

▲ 2014 年，云南省气象局与临沧市人民政府签订合作协议

2015 年，云南省气象局与新华社云南分社签订合作协议

2016 年，云南省气象局与楚雄州▶
人民政府签订合作协议

◀2017 年，云南省气象局与云南省环境保护厅签订合作协议

▲ 2018 年，云南省气象局与中国移动通信集团云南有限公司签订合作协议

▲ 2019 年，云南省气象局与云南省自然资源厅签订合作协议

▶ 台站建设

　　随着国家对气象事业不断加大投入以及气象业务发展，进入 21 世纪，尤其是 2008—2017 年，在中国气象局和云南省各级地方政府的关心和支持下，云南省加大了对基层气象台站的建设力度，全省 16 个州（市）气象局中 15 个完成了基础设施建设，129 个县级气象局中有 95 个达到气象现代化建设标准，基层气象机构基础设施完备率达到 76%。

▲ 1978 年的德宏州气象局

▲ 1987 年的昭通地区气象局

▲ 1987 年的玉溪地区气象局

▲ 1990 年的迪庆州气象局

▲ 1989 年的保山地区气象局

▲ 1987 年的勐腊县气象局

▲ 1954 年的云南省气象局

▲ 现存的 20 世纪 50 年代云南省气象局办公楼（2019 年摄）

▲ 现存的 20 世纪 70 年代云南省气象局办公楼（2019 年摄）

▲ 1986 年的云南省气象局（左为气候资料室和科研所楼，右为省气象台楼）

▲ 1979 年建成的云南省气象台大楼

▲ 1992 年建成的云南省气象业务大楼

▲ 2004 年建成的云南省气象局综合业务科技大楼

▶ 16 个州（市）气象局

▲ 昆明市气象局

昭通市气象局▶

▲ 曲靖市气象局

▲ 玉溪市气象局

◀ 保山市气象局

▲ 楚雄彝族自治州气象局

▲ 红河哈尼族彝族自治州气象局

▲ 文山壮族苗族自治州气象局

▲ 普洱市气象局

▲ 西双版纳傣族自治州气象局

▲ 大理白族自治州气象局

▲ 德宏傣族景颇族自治州气象局

▲ 丽江市气象局

◀怒江傈僳族自治州气象局

迪庆藏族自治州气象局▶

◀临沧市气象局

▶ 部分县（区、市）气象局

◀ 勐海县气象局（西双版纳州）

香格里拉市气象局（迪庆州）▶

▲ 孟连县气象局（普洱市）

▲ 沧源县气象局（临沧市）

▲ 石屏县气象局（红河州）

▲ 红塔区气象局（玉溪市）

▲ 安宁市气象局（昆明市）

▲ 陆良县气象局（曲靖市）

▲ 瑞丽市气象局（德宏州）

◀贡山县气象局（怒江州）

广南县气象局（文山州）▶

▲ 鲁甸县气象局（昭通市）

▲ 鹤庆县气象局（大理州）

▲ 宁蒗县气象局（丽江市）

▲ 龙陵县气象局（保山市）

元谋县气象局（楚雄州）▶

▶ 综合管理

气象人事、规划、财务、应急、宣传、政务服务、业务规章等综合管理工作得到稳步发展。

▲ 2017 年，云南省气象部门安全生产和信访工作电视电话会议

▲ 1988 年，云南省气象宣传工作座谈会

▲ 2001 年，云南省气象部门机构改革暨培养选拔优秀年轻干部工作会议

◀ 2002 年，云南省气象部门文秘暨 Lotus 培训班

▲ 强化财政资金使用的监管

抓管理转作风促发展文件选编

云南省气象局　编印
2015年1月

▲ 云南省气象局《抓管理转作风促
发展文件选编》

▲ 气象电子政务管理系统（新版）

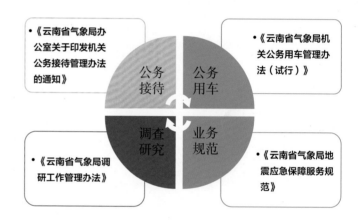

• 《云南省气象局办公室关于印发机关公务接待管理办法的通知》

公务接待

公务用车

• 《云南省气象局机关公务用车管理办法（试行）》

调查研究

业务规范

• 《云南省气象局调研工作管理办法》

• 《云南省气象局地震应急保障服务规范》

▲ 制定（修订）公务接待、公务用车、调查研究、业务规范管理制度 30 余项

◀ 云南省气象信息员队伍管理信息系统

强化气象应急值班值守，注重应急能力建设，组织经常性气象应急演练，提高气象灾害应急响应服务水平。

▲ 云南省气象局应急值班室（总值班室）

重大灾害气象应急响应及
服务工作流程手册

▲ 重大灾害气象应急响应及服务工作流程手册

▲ 2018 年，云南省气象局开展洪涝灾害应急救援演练

2017 年，石林县板桥街道气象灾害应急演练 ▶

法治建设

云南省气象局认真贯彻实施《中华人民共和国气象法》等相关法律法规以及国务院气象主管机构颁发的规章、规范性文件等，根据工作需要制定配套地方性法规、规章和规范性文件，地方气象法规体系逐步完善。1998年7月云南省第一部地方性气象法规——《云南省气象条例》颁布实施，标志着云南气象事业走上了依法发展轨道。至2019年，共出台地方性气象法规5部、地方性政府规章6部。

地方性气象法规5部：

▲《云南省气象条例》　▲《云南省气象灾害防御条例》　▲《云南省气候资源保护和开发利用条例》　▲《昆明市气象灾害防御条例》　▲《云南省红河哈尼族彝族自治州气象条例》

地方性政府规章6部：

▲《云南省气象设施和气象探测环境保护办法》　▲《云南省人工影响天气管理办法》　▲《楚雄彝族自治州防雷减灾管理办法》　▲《普洱市雷电灾害防御管理办法》

▲《普洱市人工影响天气管理办法》　▲《昆明市人工影响天气管理办法》

序号	地区	名称	类别	颁布时间	施行时间
1	云南省	云南省气象条例	法规	1998-07-31	1998-10-01
2	云南省	云南省气象灾害防御条例	法规	2012-07-29	2012-10-01
3	云南省	云南省气候资源保护和开发利用条例	法规	2019-09-28	2020-01-01
4	昆明市	昆明市气象灾害防御条例	法规	2017-12-13	2018-01-01
5	红河州	红河哈尼族彝族自治州气象条例	法规	2009-08-13	2009-08-13
6	云南省	云南省气象设施和气象探测环境保护办法	规章	2016-12-26	2017-02-01
7	云南省	云南省人工影响天气管理办法	规章	2013-12-17	2014-03-01
8	楚雄州	楚雄彝族自治州防雷减灾管理办法	规章	2012-08-13	2012-09-18
9	普洱市	普洱市雷电灾害防御管理办法	规章	2014-01-17	2014-03-01
10	普洱市	普洱市人工影响天气管理办法	规章	2014-11-16	2015-01-01
11	昆明市	昆明市人工影响天气管理办法	规章	2015-01-12	2015-04-01

▲ 1998年9月28日，云南省政府新闻办、云南省气象局联合举行贯彻实施《云南省气象条例》新闻发布会

2010 年 6 月 22 日，云南省人大常委会▶
执法检查组对气象"一法两条例"进行
执法检查汇报会

◀2009 年 9 月 5 日，红河州人大
常委会召开红河州气象条例、水
资源管理条例（修订）颁布实施
座谈会

2019 年 4 月 15 日，云南省人大常委会▶
召开《云南省气候资源保护和开发利用条
例（草案）》立法座谈会

全省气象部门现有气象行政许可事项 6 项,有执法主体 142 个,取得行政执法证件的执法队伍 635 人。各级气象主管机构依法履行气象防灾减灾、应对气候变化、气候资源开发利用、气象信息发布与传播、气象探测环境和设施保护、雷电灾害防御、人工影响天气等社会管理职能。

▲ 2004 年,成立云南省气象行政执法总队　　　▲ 2015 年,气象部门向社会公布的权责清单

2013 年以来,取消 10 项气象行政审批、4 项行政审批中介服务、3 项人员资格认定事项,8 项行政审批中介服务改为由审批部门委托有关机构开展。2 项行政许可纳入省政府投资项目在线监管平台,省、州(市)、县行政许可全部进驻当地政务服务中心办理。

防雷装置检测市场全面放开,省、州(市)、县地方政府全部出台落实优化建设工程防雷许可政策文件。落实防雷安全监管工作,州(市)、县两级政府 93.6% 将防雷安全纳入政府目标考核,99.3% 将气象部门纳入当地安委会,88.6% 纳入当地规委会成员单位,全省防雷安全重点监管对象检查覆盖率达 100%。

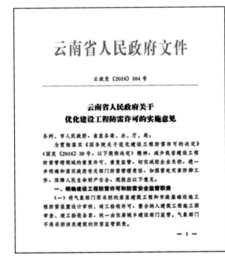

▲ 云南省人民政府关于优化建设工程防雷许可的实施意见(云政发〔2016〕104 号)

▲ 进驻云南省政务服务网上大厅规范开展行政审批工作

气象行政审批实现"政务服务一网通办"

实现气象行政审批要素"四级十二同"	实现气象政务服务事项"一网通办"	从制度上解决了部分气象审批事项被边缘化、执行难的老大难问题	优化行政审批流程，压缩了审批时限
即：国家、省、州、县4个审批层级涉及的审批项目名称等12个审批信息要素完全相同	气象政务服务事项6个主项、8个子项、10个办理项全部进驻"云南政务服务网"	新改扩建建设工程避免危害气象探测环境审批、防雷装置设计审核和竣工验收等气象审批事项纳入了住建、自然资源等政府相关部门牵头的工程建设项目行政审批流程	全省气象行政审批事项承诺审批时限较法定审批时限压缩了35%以上，最高压缩了67.5%

▶ 气象标准化

　　云南省气象局2011年成立云南省气象标准化技术委员会，率先完成云南省推进标准化发展战略专项《云南气象标准体系研究与建设》，构建具有云南特色的气象标准体系，注重顶层设计，创新工作机制，强化标准实施，坚持试点引领，积极参与省内和国家层面的标准化活动，有效规范气象业务服务工作、履行公共气象服务和社会管理职能，为促进云南经济社会跨越式发展提供了技术支撑和保障。

▲ 2015年，云南省气象标准化技术委员会被云南省人力资源和社会保障厅、云南省质量技术监督局授予云南省标准化创新贡献奖

▲ 《云南气象标准体系研究与建设》成果汇编和云南省地方标准《云南气象技术标准体系》

▲ 云南省专业气象服务标准系列

- ■《地面气象观测规范 蒸发》　　　　　　　GB/T 35230—2017
- ■《橡胶寒害等级》　　　　　　　　　　　　QX/T 169—2012
- ■《古树名木防雷技术规范》　　　　　　　　QX/T 231—2014
- ■《烤烟气象灾害等级》　　　　　　　　　　QX/T 363—2016
- ■《农业气象观测规范 烟草》　　　　　　　　QX/T 362—2016
- ■《防雷装置设计审核和竣工验收行政处罚规范》QX/T 398—2017

▲ 发布实施的国家标准和行业气象标准

　　2018 年，云南省专业气象服务标准化试点建设通过验收，将气象监测、预报、预警、产品制作、网络传输、信息发送、服务及反馈等工作环节标准化，应用新媒体为交通、旅游等提供气象服务的质量和效益明显提升，为全省各级气象服务提供可借鉴的标准化工作模式。

▲ 2018 年 12 月 7 日，云南省气象现代化阶段目标第三方评估报告评审会

2018 年，云南省气象局委托中国气象局发展研究中心开展云南省气象现代化阶段目标第三方评估并完成专家评审。评估结果显示：云南气象现代化建设达到中国气象局、云南省委省政府确定的阶段发展目标。气象现代化综合水平在全国位于中上水平，在西部位于前列。

▲《云南省气象现代化阶段目标第三方评估报告》

▲ 气象保障服务体系行动计划

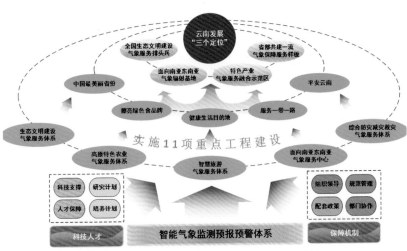

▲ 2022 年，云南省建成全国一流气象保障服务体系行动路线图

▲ 2018 年 12 月 7 日，2022 年云南省建成全国一流气象保障服务体系行动计划评审会

　　到 2022 年，云南气象事业发展围绕建成全国一流气象保障服务体系的主要目标，将建设八大气象服务体系及实施若干重点建设工程项目。省政府加强政策保障和财政投入力度，安排专项资金支持气象事业发展。

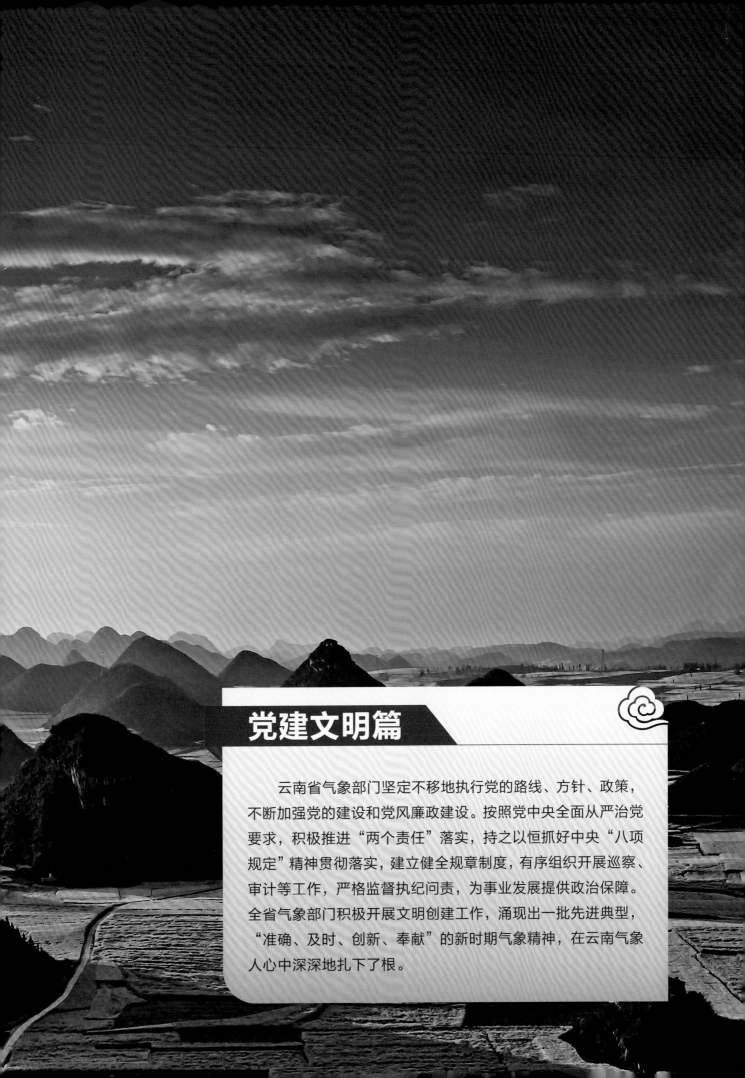

党建文明篇

　　云南省气象部门坚定不移地执行党的路线、方针、政策，不断加强党的建设和党风廉政建设。按照党中央全面从严治党要求，积极推进"两个责任"落实，持之以恒抓好中央"八项规定"精神贯彻落实，建立健全规章制度，有序组织开展巡察、审计等工作，严格监督执纪问责，为事业发展提供政治保障。全省气象部门积极开展文明创建工作，涌现出一批先进典型，"准确、及时、创新、奉献"的新时期气象精神，在云南气象人心中深深地扎下了根。

党的建设

　　云南省气象部门各级党组织通过落实"三会一课"、主题党日等组织生活制度，积极推进党支部标准化建设。深入推进"三讲""党的群众路线教育实践活动""三严三实""两学一做""不忘初心、牢记使命"等党内主题教育，提升党员队伍素质，增强战斗力。强化党建"红心"引领业务"匠心"理念，实现了县局党组织全覆盖，不断克服党建与业务"两张皮"现象，将党建深度融合到日常业务服务管理工作中，形成良好的互促互进。2013—2019 年，云南省气象局连续 7 年被省直机关工委考评确定为年度机关党建工作优秀单位。

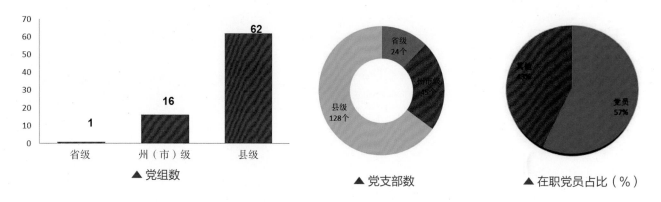

▲ 党组数　　　　　　　　　▲ 党支部数　　　　　　　　　▲ 在职党员占比（%）

2019 年，云南省气象部门党组织和党员情况统计

▲ 云南省气象局党组理论学习中心组学习会议

▲ 2013 年，党的群众路线教育实践活动动员大会

云南省气象局机关党员代表大会▶

◀2019年,"不忘初心、牢记使命"
主题教育

党支部书记述职评议会议▶

◀ 新党员入党宣誓仪式

云南省气象局机关党委表彰先进党支部、▶
优秀共产党员、优秀党务工作者

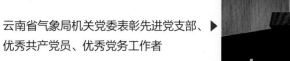

▲ 党支部组织生活会

▲ 《云南气象党建文明动态》

◀西双版纳州气象局党支部到扶贫村
开展主题党日活动

昭通市气象局机关党支部开展主题▶
党日活动

▶ 党建示范点建设

▲ 标准化党员活动室

党风廉政建设

　　加强党风廉政建设，落实全面从严治党主体责任和监督责任，严格监督执纪问责，为云南气象事业发展提供坚强的政治保障。

▲ 2008 年，云南省气象部门党风廉政建设工作会议

▲ 2011 年，云南省气象部门纪检监察工作会议

▲ 2012 年，云南省气象局廉政风险防控工作推进会

▲ 2013 年 8 月 1 日，云南省气象局主要领导向云南省纪委汇报工作

▲ 2013 年，与省纪委合作开展《推进云南省气象部门惩治和预防腐败体系建设问题研究》

◀ 2017 年，云南省气象局党务干部培训班

▲ 2019 年 3 月 20 日，云南省气象局党组纪检组负责人向云南省纪委汇报工作

▲ 云南省气象局党员干部观看警示教育片

▲ 云南省气象局召开廉政风险与效能风险管理专题学习
会议

▲ 云南省气象局党组召开集体廉政谈话

◀ 云南省气象局组织参观省警示教育
基地

▲ 文山州气象局组织参观警示教育基地

▲ 党的十八大精神暨廉政制度宣讲

▲ 玉溪市气象局组织领导干部到玉溪监狱开展警示教育

廉政风险提醒

第（3）号

中共云南省气象局党组纪检组　　　　　　2017 年 8 月 11 日

──────────────────────────

【问题情况】

2017 年 8 月 3—4 日，省局机关纪委按照省局党组纪检组《关于开展违规公款购买消费高档白酒问题集中排查整治工作的通知》有关要求，组织对省局机关及各直属单位 2017 年以来本单

▲ 云南省气象局党组纪检组编发《廉政风险提醒》

▲ 2011 年，云南省气象局被云南省纪律检查委员会、云南省监察厅命名为"云南省廉政文化示范点"，是第一批省级廉政文化示范点

▲ 2002 年，创办电子内刊《纪检监察审计信息》，于 2015 年改版为《云岭清风》

▲《云南省气象局党风廉政建设文件选编（2008—2012 年）》

▲ 编印《云南省气象部门纪检监察干部应知应会》

▶ 巡察审计监督

▲ 2012 年，全省气象部门纪检监察员综合业务培训

▲ 2018 年，云南省气象局党组巡察办召开巡前培训会

▲ 云南省气象局巡察办向州（市）气象局党组反馈意见

▲ 云南省气象局党组召开巡视整改工作领导小组会议

▲ 云南省气象局党组对州（市）气象局党组开展巡察

▲ 云南省气象局对州（市）气象局主要负责人开展离任经济责任审计

精神文明建设

　　1986 年，云南省气象部门开始创建文明单位，是全省最早开展文明单位创建的部门之一。2001 年 9 月，云南省气象部门被省委、省政府授予"云南省文明行业"，同年 11 月，被中国气象局命名为"全国气象部门文明系统"，以上荣誉一直保持至今。截至 2019 年，全省气象部门已建成国家级文明单位 2 个，省级文明单位 80 个，州市级文明单位 48 个，县级文明单位 5 个。全省共 135 个单位参与创建，135 个单位创建成为文明单位，创建率达 100%。

　　云南省气象部门目前有省部级以上劳动模范（先进工作者）40 人次，省部级表彰的先进集体 400 余个、先进个人 700 余名。

▲ 云南省气象部门文明创建荣誉榜（部分）

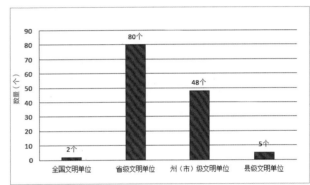

▲ 2018 年全省气象部门文明单位分布

◀ 2009 年腾冲市气象局获"全国文明单位"称号

1997 年，云南省气象部门文明▶
创建工作经验交流会在弥勒召开

▲ 2007 年，云南省气象局承办成都区域气象中心篮球运动会

▲ 2008 年，西盟县气象局承办普洱"边四县"首届气象运动会

2017 年，普洱市气象局举办茶艺比赛 ▶

◀ 2008 年，云南省气象局举办纪念改革开放 30 周年文艺演出

▲ 2013 年，参加"云南妇女之歌"歌咏比赛

◀ 云南省气象局与昆明交警三大队开展文明共建志愿活动

普洱市气象局开展"学雷锋"志愿活动 ▶

▲ 迪庆州气象局职工参加建州 60 周年志愿活动

▲ 临沧市气象局参加关爱特殊儿童志愿活动

▲ 德宏州气象局参加"美丽中国"志愿活动

▲ 云南省气象局机关团委被评为"云南省五四红旗团委"

◀云南省气象局团委为昆明德馨小学捐赠图书和学习用具

◀2018 年，邀请云南省先进模范斯那定珠到云南省气象局宣讲

2018 年，云南省气象局举办▶
文明讲堂

▲ 2014 年，玉溪市气象局举办道德讲堂

▲ 2003 年，首届云南气象人精神演讲赛

丰富多彩的离退休老干部活动

▲ 云南省气象局退休老同志阅读报刊杂志

▲ 2008年云南省气象局举办歌舞联欢晚会